寒地稻田温室气体排放特征及水肥管理模式研究

王孟雪　林彦宇　著

HANDI DAOTIAN WENSHI QITI
PAIFANG TEZHENG JI SHUIFEI GUANLI
MOSHI YANJIU

中国水利水电出版社
www.waterpub.com.cn

·北京·

内 容 提 要

本书主要针对黑龙江省寒地黑土稻作区温室气体排放特征、水肥管理模式等方面的内容开展研究。在以节水、增产和减排为目的的前提下，具体探讨了不同水肥管理模式下稻田的温室气体排放效应、土壤水分运动规律及预测、水稻需水耗水规律、产量和水分生产函数等，提出适用于寒地水稻最优减排模式和水肥管理模式，从而为实现寒地黑土区稻田的节水高产和减排提供理论依据。

本书可为农业生物系统工程、农业水土工程、农业生物环境工程等领域的科研工作者和大专院校相关专业的师生提供参考。

图书在版编目（ＣＩＰ）数据

寒地稻田温室气体排放特征及水肥管理模式研究 /
王孟雪，林彦宇著. -- 北京 ：中国水利水电出版社，
2019.9
 ISBN 978-7-5170-7998-9

Ⅰ．①寒… Ⅱ．①王… ②林… Ⅲ．①寒冷地区－水
稻栽培－温室效应－有害气体－大气扩散－污染控制－研
究②寒冷地区－水稻栽培－温室栽培－肥水管理－研究
Ⅳ．①X511.032.31②S511.05

中国版本图书馆CIP数据核字(2019)第205497号

书　　　名	**寒地稻田温室气体排放特征及水肥管理模式研究** HANDI DAOTIAN WENSHI QITI PAIFANG TEZHENG JI SHUIFEI GUANLI MOSHI YANJIU
作　　　者	王孟雪　林彦宇　著
出 版 发 行	中国水利水电出版社 （北京市海淀区玉渊潭南路 1 号 D 座　100038） 网址：www. waterpub. com. cn E - mail：sales@ waterpub. com. cn 电话：(010) 68367658（营销中心）
经　　　售	北京科水图书销售中心（零售） 电话：(010) 88383994、63202643、68545874 全国各地新华书店和相关出版物销售网点
排　　　版	中国水利水电出版社微机排版中心
印　　　刷	天津嘉恒印务有限公司
规　　　格	184mm×260mm　16 开本　15 印张　311 千字
版　　　次	2019 年 9 月第 1 版　2019 年 9 月第 1 次印刷
定　　　价	**98.00** 元

前 言
FOREWORD

黑龙江省是我国重要的粮食基地，由于水稻种植面积不断扩大，导致水资源供需矛盾日益突出，同时农户为了寻求水稻高产而盲目增施氮肥，致使氮肥的利用率低并容易形成水污染。以上因素严重制约着水稻生产种植高效、高产、高质化发展。研究对比不同灌溉模式与不同施肥水平的水稻产量、耗水量、温室气体排放效应等指标，找出最优水肥施配方案，为当地水稻种植提供参考，对环境友好型节水灌溉施肥模式的推广具有重要意义。

本书内容主要包括上、下两篇：上篇为寒地稻田水肥互作的温室气体排放特征，主要阐述了稻田环境因子变化及与温室气体排放之间的关系，分析了水稻生长变化对 CO_2、CH_4 和 N_2O 温室气体排放的影响机理；下篇为寒地稻田水肥资源利用及水分生产函数研究，其主要成果为黑龙江省寒地黑土区稻作水肥资源高效利用提供了理论依据。

本书利用田间试验和室内分析相结合的研究方法，以不同水肥管理模式下的 CH_4、N_2O 及 C_2O 排放实际监测数据为基础，探讨稻田 CH_4、N_2O 及 CO_2 排放规律，阐明稻田环境因子变化及水稻生长变化对 CH_4、N_2O 及 CO_2 排放的影响机理。以节水增产减排为目的，建立寒地稻作优化的水肥管理模式，并为实现寒地稻田的节水高产、减排提供理论依据。

本书对寒地黑土稻作区域水肥资源利用规律及水分生产函数进行了探讨，运用统计分析、回归分析及相关智能优化算法，系统地分析了土壤水分运动规律及土壤水分预测模型；依据气象数据，建立风速、日照时间、温度、饱和水汽差与水稻蒸腾蒸发量的回归方程，进一步对水稻需水量进行研究；将水、氮、磷、钾肥分别与产量和水分利用效率建立回归方程，找出最优的水肥施入方案；根据此最优方案结合 2010—2015 年水肥等因子投入量与粮食产出量建立投入-产出模型，并计算水资源的经济价值。

本书由黑龙江八一农垦大学王孟雪和林彦宇共同完成。其中，上篇由王孟雪撰写，下篇由林彦宇撰写。本书得到了国家自然科学基金面上项目"灌溉、施肥和秸秆还田对东北寒地稻田温室气体排放的影响"（51779046）、国家重点研发计划项目"水田高效节水灌溉技术集成应用"（2016YFC0400108）、黑龙江省农垦总局科技攻关项目"寒地水稻高效、安全生产综合配套技术示范与应用（HNK135－02－02）"、黑龙江省博士后普通资助计划、黑龙江八一农垦大学引进人才计划（XYB201801）、黑龙江八一农垦大学"三横三纵"计划（TDJH201803）、农业部农业水资源高效利用重点实验室开放基金（2017003、2017004）、农业部农产品加工质量监督检验测试中心（大庆）博士后工作站资助计划等项目的资助。此外，本书的出版还得到了黑龙江八一农垦大学学术专著论文基金的资助。希望本书能为从事作物节水灌溉、水肥耦合及其环境效应等相关研究和管理工作的科研人员提供参考。

在本书的撰写过程中，得到了东北农业大学张忠学教授和黑龙江省水利科学研究院司振江教授级高级工程师的指导和支持，在此表示感谢！

由于作者水平有限，书中难免存在不足之处，敬请同仁批评指正。

作者

2019 年 9 月

目 录
CONTENTS

前言

上篇 寒地稻田水肥互作的温室气体排放特征

上篇

寒地稻田水肥互作的温室气体排放特征

第 1 章

绪　　论

1.1　研究目的与意义

由于人类活动不断地向大气中排放温室气体，例如二氧化碳（CO_2）、甲烷（CH_4）和氧化亚氮（N_2O）等，导致全球气候不断恶化。随着农业生产规模化与机械化程度的提高，农业生产全过程与能源耗用联系更加紧密，排放的温室气体也逐渐增加。水稻是我国最重要的粮食作物之一。农业温室气体排放主要来源于稻田，对全球温室效应有很大的影响。稻田在作物生长过程中不断地排放 CH_4 和 N_2O，这些温室气体的排放受气候、土壤特征和农业管理措施等因素的影响较大。全面了解 CO_2、CH_4 和 N_2O 排放规律及其相关关系是实现稻田温室气体减排的前提和客观要求。

农业生产会产生大量的温室气体，土壤中的有机物质经微生物分解，以 CO_2 的形式释放入大气。土壤中有机质的含量及其矿化速率、土壤微生物种类及活性、土壤动植物的呼吸作用强弱等都会影响土壤的呼吸强度，从而影响农田生态系统中 CO_2 的排放。土壤 CO_2 排放过程实际是土壤中生物代谢和生物化学等因素综合作用的产物[1]。与 CO_2 相比 CH_4 和 N_2O 含量占温室气体总量的比例相对较小，分别为 22.9%和 7.1%[2]，但其全球增温潜力相对较大。长期淹水的稻田经过发酵作用产生大量 CH_4，而全球的 N_2O 有 50%来自土壤的硝化和反硝化过程。大量的温室气体产生，造成了全球气候变暖，并因此带来了一系列的环境问题。人类活动产生的温室气体中有 14%来自于农业生产，是温室气体的主要排放源[3]。农业活动也产生大量的 CH_4 和 N_2O，分别占人类活动所产生 CH_4 和 N_2O 总量的 52%和 84%[4]。CH_4 和 N_2O 虽然是 2 种痕量温室气体，但与全球变暖密切相关，对温室效应的贡献率约为 15%和 6%[5]。

针对东北寒地稻作面积不断扩大，常规淹灌和大量施用氮肥的水肥管理方法可能带来 CO_2、CH_4 和 N_2O 等温室气体排放总量进一步增加的实际情况，本书采用田间

3

试验和室内分析相结合的研究方法，以不同水肥管理模式下的温室气体排放实际监测数据为基础，探讨稻田 CO_2、CH_4 和 N_2O 的排放规律，阐述稻田环境因子变化及水稻生长变化对 CO_2、CH_4 和 N_2O 温室气体排放的影响机理。以节水增产减排为目的，建立东北寒地稻田 CO_2、CH_4 和 N_2O 季节平均排放率和年排放量、明确影响东北寒地稻田 CO_2、CH_4 和 N_2O 排放的关键环境因子，考虑稻田 CH_4 和 N_2O 排放存在彼此互为消长的关系，应从稻田温室气体减排的综合效应方面，发展水肥因子共同作用的最佳模式，为稻田温室气体减排提供一定的参考。

解决气候变化问题的措施，从根本上主要是减少人为温室气体排放或使大气中温室气体吸收的量得到增加[6]。我国稻田温室气体排放已引起国内外广泛的关注。许多研究者针对我国稻田土壤 CH_4 和 N_2O 的排放进行了比较深入的研究[7-11]。我国稻田 CH_4 和 N_2O 排放的观测研究数据得到了较大的积累，这些数据为我国稻田温室气体的精确估算提供了研究基础。而温室气体中 CO_2 排放的研究，主要集中在森林生态方面，稻田及旱田中 CO_2 排放的研究资料比较少。目前有关中国稻田温室气体排放的研究组要集中在黄河以南的水稻主产区。东北地区是我国重要的商品粮生产基地，近十年来东北地区的稻田种植面积迅速增加。在提高更多粮食产量的同时，稻田的温室气体排放总量也在不断增加[12]，然而东北寒地稻田温室气体排放相关研究文献非常有限[13,14]。由于我国幅员辽阔，气候带跨度大、土壤类型复杂多样，热量条件及水稻的生长期存在较大差异，北方与南方水稻种植方式不同，各稻田 CO_2、CH_4 和 N_2O 排放也存在较大的差异性。特别是东北寒地稻作区冬季寒冷漫长、农田土壤有机质相对较高、水肥管理模式等方面都与南方水稻区有较大的差异，有必要对东北寒地稻田 CO_2、CH_4 和 N_2O 排放进行试验研究。在影响稻田 CO_2、CH_4 和 N_2O 排放的众多因素中起主导作用是水肥管理。其直接决定着稻田水分状况和水稻生长。

1.2 国内外研究现状

在国内外研究中，论述稻田 CH_4 和 N_2O 排放规律、互为消长的相关关系及对环境影响的文献相对较多[7,15-20]，对稻田 CO_2 排放通量的相关研究较少，缺乏对稻田 CO_2、CH_4 和 N_2O 三种温室气体排放通量的同步监测[21,22]。研究水稻生长季节 CO_2、CH_4 和 N_2O 排放规律及其与环境因子的相互作用关系，可以为稻田温室气体减排提供理论依据。本书通过大田对比试验，采用静态箱-气相色谱法对稻田 CO_2、CH_4 和 N_2O 排放通量进行田间采集测量，寻求水稻生长季节稻田 CO_2、CH_4 和 N_2O 的排放规律，对它们与土壤温度、水分状况及施肥水平等因子之间的相关性进行探讨分析。

1.2.1 水分管理影响稻田温室气体排放研究进展

水稻的整个生育过程都离不开水，水稻的基本需水包括生理需水和生态需水。对于稻田温室气体的减排，合理的水分管理尤为重要。稻田土壤中，CH_4、N_2O 和 CO_2 的排放处的土壤水分环境存在较大差异。当 CO_2 排放量较大时，土壤水分含量接近或高于 CH_4 氧化的最佳土壤水分含量，CH_4 氧化所处的最佳水分含量与 N_2O 排放最大时的土壤含水量呈现极显著的负相关性[23]。水分状况不仅影响土壤中 N_2O 的产生，同时也极大地影响着水田产生的 N_2O 向大气中传输。水层深度对稻田温室气体排放也有一定的影响。淹水状态下稻田 CO_2 排放速率随着水层深度的升高而逐渐下降。然而，水层深度与 CH_4 排放通量之间的关系很难定量的描述。邹建文等[24]的研究发现，水层深度在 $0 \sim 10cm$ 范围内，水层深度在 $5cm$ 左右时 CH_4 排放通量通常较大，但并未发现水层深度与 CH_4 排放通量具有明显相关性。

1. CH_4 对水分的响应研究进展

CH_4 是土壤中极端厌氧条件下产甲烷菌作用于产甲烷基质的结果，稻田的灌溉模式对 CH_4 的排放起到至关重要的作用。在长期淹灌水层的作用下，稻田土壤处于长期饱和的状态，从而形成了无氧环境，此时土壤氧化还原电位处于较为适宜的范围。在此条件下，产 CH_4 菌的作用增强，促使土壤中产生大量的 CH_4 气体，大约是排放到大气中的 5 倍。已有研究证明，稻田长期的淹水状态和高度饱和的土壤水分环境会使稻田土壤产生的 CH_4 气体大量激增，耗水量高的灌溉模式相比于节水灌溉稻作模式，CH_4 的排放也明显增加[25,26]。但对于稻田的水分管理模式，也有不同的研究结果。魏海苹等[27]通过对 1987—2011 年中国稻田 CH_4 排放观测数据分析，在淹水、淹水—间歇灌溉、淹水—烤田—淹水和淹水—烤田—淹水—湿润灌溉 4 种水分管理方式作用下，很难确定稻田 CH_4 排放是否按此比例变化。

土壤的氧化还原电位 Eh 是影响 CH_4 排放的主要因素之一，而土壤湿度严重影响着土壤 Eh 值。一些研究表明，只有当土壤 Eh 值 $< -150mV$ 时稻田土壤才会产生 CH_4，当 Eh 值低于这一数值时，CH_4 排放量随 Eh 值下降呈指数增加[28]。稻田产生 CH_4 的必要条件就是较低的低氧化还原电位，氧化还原电位越低，CH_4 产生的量就越大。土壤氧化还原电位可以通过控水晒田的方式来实现，在控水晒田环境下，土壤产甲烷菌的活性会显著降低，从而使稻田 CH_4 排放得到抑制。相对于持续淹水灌溉管理模式，水稻在生长期内的排水烤田措施会显著减少稻田 CH_4 排放[29]。这是因为排水烤田措施改变了产甲烷菌的生存条件，通过改善土壤的通气透水性能，提高了土壤氧化还原电位，在烤田时氧化还原电位可达 $400 \sim 800mV$，使产甲烷菌的生存环境

恶化，从而使 CH_4 的形成和排放得到很大程度的抑制。丁维新等[30]研究表明，在土壤 10cm 左右的土层是 CH_4 氧化的主要发生层次，该层次土壤水分状况变化明显，显著影响 CH_4 的氧化，当土壤含水量在 20%～70% 之间变化时，CH_4 氧化的最为彻底，烤田为 CH_4 氧化菌提供合适的土壤水分环境。

此外，国内针对水层深度对 CH_4 排放的影响也做了一些研究。傅志强等[31]对早稻田进行了连续两年的水层深度研究发现，相比于浅水灌溉，深水灌溉处理的稻田 CH_4 的排放显著减少，并且水层深度越深，CH_4 排放的量就越少。李茂柏等[32]认为深水灌溉减少稻田 CH_4 排放可能由于降低了稻田土壤和水层的温度，从而抑制了 CH_4 的生成。多数产甲烷菌活动最适温度为 35～37℃[33]。而土壤中微生物的活性及有机质的分解都与水层温度密切相关。深水灌溉使田面水层温度发生变化，一般深水灌溉的田面水层温度低于浅水灌溉，温度的降低也显著降低了土壤中微生物的活性，不利于有机质的分解，也抑制了土壤中产甲烷菌的活性，从而减少了 CH_4 的产生。

2. N_2O 对水分的响应研究进展

水分状况是影响土壤硝化与反硝化过程的最重要因素，而土壤水分状况受灌溉模式的影响较大。研究表明，稻田长期处于淹水状态时，其 N_2O 的排放很少，而田面无水层时，N_2O 的排放会占到水稻整个生育期排放总量的 85% 以上。稻田 N_2O 也在稻田土壤水分干湿变化剧烈时排放量增加。有研究发现，在稻田生态系统中，当土壤湿度为 90%～100% WHC（Water Holding Capacity 田间持水量）或 77%～86% WFPS（Water Filled Pore Space 土壤孔隙容水量）之间变化时，N_2O 的排放量最大[34]。

有研究表明，在施肥量不同的情况下，土壤 N_2O 的排放通量与土壤中相应的无机氮含量间基本呈正相关关系（r 值均大于 0.8783），二者之间呈显著相关[35]。但当施肥条件相同时，稻田各生育阶段的 N_2O 排放通量与相应的土壤硝态氮含量做相关性分析，发现二者之间并不是简单的直线相关关系。稻田土壤 N_2O 排放不仅与土壤中无机氮含量有关，还受到土壤中的温度、土壤水分状况等因素的影响。在大田试验中，由于环境因素较为多变，在环境因子发生较多改变时，各生育阶段的 N_2O 排放通量就不能只从土壤 NO_3^-—N 含量直接推算。

稻田 N_2O 是土壤微生物硝化与反硝化过程的中间产物。稻田 N_2O 从产生到排放进入大气要经历的过程为：①在土壤硝化与反硝化过程中产生；②以气泡、液相扩散和植株体内通气组织传输的方式进入大气[2]。稻田土壤中的好气性的硝化细菌和亚硝化细菌，在土壤通气状况良好条件下，共同作用完成硝化过程。因此，稻田田面的水层深度，是影响 N_2O 排放的重要因子。有研究表明，在稻田保持有水层状态时，有 87.3% 的 N_2O 进入大气主要是通过水稻植株体内的通气组织，在水稻黄熟期的晒田阶段，只有 17.5% 的 N_2O 通过此种方式进入大气[26]。烤田改善了土壤水分环境，在土壤中产生了大量的 O_2，硝化及反硝化反应同时加强，促进稻田土壤产生较多的 N_2O；水层较深时，土壤处于强还原状态，使生成的 N_2O 进一步还原为 N_2，使 N_2O 产生受到强烈的抑制。

目前我国的稻田水分管理主要以水旱轮作为主，在水稻生长前期淹水、中期烤田、后期干湿交替，生育末期落干再晒田。土壤氧化还原电位、微生物活性及土壤中氮素的动态变化均会受到田间复杂的土壤水分环境的强烈影响[36]。水稻长期淹水的状态影响了土壤的通透性，促进了反硝化作用；在长期淹水状态下，水充满土壤空隙，土壤中会积累大量的 N_2O；如果淹水的时间变短，土壤中的 N_2O 就不会被大量还原成 N_2，当土壤水分下降时，储存在水和土壤中的 N_2O 就被大量释放出来[37]。有学者认为[38]，频繁的水层变化及烤田技术能使稻田 N_2O 的排放显著提高，但由于稻田控水时期往往处于作物生长旺盛时期，土壤氮素含量不高，因此 N_2O 排放的增幅也处于较低水平，从全球变暖潜能值 GWP（Global Warming Potential）的总体看影响不显著。

在水稻各生育阶段，稻田 N_2O 的排放存在明显的季节性变化。有研究表明[39]，N_2O 排放峰值主要出现在水分剧烈交替阶段，如烤田及随后的复水期，此阶段 N_2O 的排放量占水稻生长期 N_2O 排放总量的 70%～94%，说明稻田土壤水分环境状况强烈的影响着水稻生长期稻田土壤排放 N_2O 的量。这与袁伟玲的研究结果一致[40]。稻田的间歇灌溉管理模式使得稻田 N_2O 排放通量比长期淹灌模式稻明显降低，其原因可能是稻田土壤的厌氧环境造成的。虽然反硝化速率的进程提高是在长期淹水环境中，但水层的深度也使得 N_2O 的扩散时间延迟，从而使大量的 N_2O 被还原为 N_2，使 N_2O 得排放大大降低。另外在长期的土壤厌氧环境条件下，削弱了土壤的硝化作用，不能补充 NO_3^- 基质，降低了反硝化速率。而在水稻生育后期进行排水晒田，能有效改良土壤通气条件，增加稻田土壤 N_2O 的产生量。

关于 N_2O 对水分条件的响应也有不同的观点：石生伟，李玉娥等[41]在对湖南的双季稻研究时，并未发现水分变化是驱动稻田 N_2O 排放的主要因素。其研究指出当土壤物理参数（水分、温度、土壤通气性等）达到硝化-反硝化作用条件时，并不排放 N_2O，只有在化学参数（速效氮含量、pH 值等）符合 N_2O 排放要求时，才会启动排放过程。

3. CO_2 对水分的响应研究进展

CO_2 作为最主要的温室气体和全球碳循环中的重要因子，一直都受到广大研究者的重点关注[42-44]。CO_2 对温室效应的贡献率达到 55%[45]。科学家们在世界各地区针对稻田生态系统 CO_2 的排放做了多年的观测和研究工作；国内对稻田 CO_2 的排放及其估算也做了大量的研究及报道[24,46]。在温室气体中，CO_2 的排放计算与评价相对复杂。水稻在生长过程中，通过光合作用吸收 CO_2，还通过根系和土壤呼吸释放 CO_2。植株的生长发育参与稻田 CO_2 排放的季节变化，是稻田 CO_2 排放季节变化的主要驱动因子。在预测未来气候变化和减排决策时，还要分析稻田生态系统的碳平衡，判断水稻田生态系统中的碳源与碳汇[47]。

稻田生态系统中 CO_2 的交换是一个相当复杂的过程，有研究将稻田系统认为是大气 CO_2 的汇[48]。水分状况也在很大程度上影响着稻田 CO_2 的排放，成为影响稻田 CO_2 排放的重要因子。曾有研究发现，相对于长期淹水状态，稻田 CO_2 排放在排水期间的净固定量高于间歇灌溉模式下的净固定量[49]。邹建文等[24]的研究也表明，如果没有植株作用的条件下，土壤水分成为稻田 CO_2 排放季节变化的主要驱动因子，土壤温度及大气温度与排水落干时期的稻田 CO_2 排放呈极显著正相关关系。因此，研究稻田 CO_2 排放的季节性规律及碳的收支状况，可以为全球温室气体排放总量及气候变化提供理论参考。

国内关于稻田 CO_2 排放的研究主要集中在季节和日变化及其影响因素上[50-53]，在土地利用方式和施肥条件对 CO_2 排放的影响进行了相关研究[54,55]，但关于稻田的水分管理或施肥条件对 CO_2 排放的影响研究较少[24,56]。有研究显示，稻田系统 CO_2 的排放通量一方面与温度的变化有关，另一方面也受灌溉、作物生长状况的影响[57]。

许多研究发现土壤呼吸 CO_2 排放受环境因子的影响较大，土壤呼吸与土壤温度、土壤湿度、降水有显著的相关关系[58-60]。邹建文在 2001 年稻田生态系统呼吸的研究中发现，稻田生态系统呼吸季节变化的 85% 来自于植株自养呼吸和土壤呼吸。

土壤水分也是影响土壤呼吸的重要因子。在旱地生态系统中土壤呼吸的研究中[61]，土壤呼吸的变化可以由土壤湿度的水分函数表述为[62]

$$f(W) = 1 - e^{(-aW+c)} \tag{1-1}$$

式中　W——土壤湿度；

　　a、c——常数。

$f(W)$ 的值为 0～1。可见，土壤温湿度是土壤呼吸的主要影响因素。除了土壤温湿度外，土壤呼吸与根的生物量[63,64]及土壤碳库量[65]也存在显著相关关系。目前研究土壤呼吸 CO_2 排放量的估算模型主要用来描述这些生物和非生物因素对土壤呼吸的影响。

土壤含水率对土壤 CO_2 的排放和产生重要影响。当温度升高到 10℃ 以上时，厚 0～5cm 的土壤含水率与土壤 CO_2 排放通量均呈显著的正相关关系[66]。有研究显示土壤水分含量在一定的范围内，CO_2 释放量与土壤含水量呈极显著相关关系[67,68]。

1.2.2 施肥管理影响稻田温室气体排放研究进展

稻田温室气体的排放会受到土壤 C（碳）、N（氮）循环过程的影响。施用的氮肥或有机肥的种类及用量，会使土壤原有的 C 库、N 库发生复杂的生物化学和物理化学变化，从而影响温室气体的产生及释放[69]。大量 CO_2 等温室气体的产生是因为能源消耗过大而产生的。化学氮肥的生产过程中不仅消耗能源，而且也参与农田温室气体排放的过程，从而使化学氮肥施用成为促进农田温室气体产生及排放的主要因素。大量研究表明，与不施肥处理相比，长期施用肥料显著提高了稻田生态系统 CH_4 和 CO_2 的排放量，有机肥料与化肥配施较单纯施用化学肥料下土壤碳（CH_4 和 CO_2）排放增加[70,71]。稻田产生的 CH_4 释放到大气中主要以植株为主要途径。化学氮肥的施用促进了植株体生长，从而使 CH_4 通过植株向大气传输的能力得到进一步提高。氮肥施用量的不同及施肥管理的条件变化，会使温室气体排放格局发生改变。氮肥的施入可以使稻田 N_2O 排放量显著增加，同时由于微生物得到了大量的营养底物，微生物的活性增强，分解及呼吸作用也大大增强[72]，进而增加了稻田 CO_2 和 CH_4 的排放量。因而要减少稻田温室气体的排放，必须要降低化学氮肥的施用量。

关于尿素对稻田 CH_4 排放的影响存在不同观点。有部分学者研究指出，尿素促进了稻田 CH_4 的排放[73-75]。这是由于稻田 CH_4 的产生得到了更多的前体基质，根系的发育得到促进，根系的分泌物也大大增加；土壤产生的 CH_4 主要通过植株途径向大气中释放，尿素促进水稻植株生长，从而提高了 CH_4 通过植株向大气传输的能力，这与马静、徐华、蔡祖聪的研究结果一致[76]。还有一些学者有相反的观点[11,19,77,78]，尿素施用降低了稻田 CH_4 的排放。可能是因为施用铵态氮肥虽然对土壤氧化甲烷具有一定的抑制作用，但如果 CH_4 和 NH_4^+—N 浓度变得比较高时，甲烷氧化菌的生长反而得到了促进，被促进的 CH_4 氧化菌氧化了更多的 CH_4，从而导致水稻生育后期 CH_4 的排放量降低。

施用尿素对稻田 CH_4 排放的影响，在不同地区会得到不同的结果：在太湖地区对单季稻 CH_4 排放的研究表明[79]，施用尿素比施用碳铵的 CH_4 排放量增长 10%～70%；在北京的试验没有得到相似的结论[80]；在江苏省的试验也显示尿素对爽水性稻田 CH_4 排放的影响没有表现出明显的规律[81]。化学氮肥抑制了稻田土壤中甲烷菌的氧化，因而促进了 CH_4 的排放，铵态氮的长期施用使 CH_4 氧化能力下降达数十倍。硝态氮对 CH_4 氧化能力有一定的抑制作用，但长期观测影响不明显[82]。此外，施肥对 CH_4 产生的影响也会依据土壤性质呈现出种不同的效应[83]。因此，化学氮肥的施用具体对稻田 CH_4 排放产生什么影响还有待于进一步研究。

施用磷肥对水稻温室气体排放的影响目前研究较少。有限的研究指出，施用磷肥由于含有 S 而降低稻田 CH_4 排放[84]。磷肥对 N_2O 排放的影响表现为参与植物光合活动中促进植株体内 $NO_3^- —N$ 的还原，从而降低作物在胁迫环境中 N_2O 排放。施用磷肥可以增加土壤磷酸酶活性，改变土壤 pH 值，土壤生物学性质的变化会增加或会降低 N_2O 排放[85,86]。有研究认为 P 对 N_2O 的影响主要是通过促进作物对 N 的吸收利用而减少 N_2O 排放。

长期不同的施肥处理也影响着稻田 CH_4 的排放，刘金剑等的研究结果表明，单施化肥的各处理中由于养分缺失情况的不同，CH_4 平均排放通量和累积排放量具有一定的差异[87]。吕琴等在黄松稻田上进行的氮磷处理实验[88]的研究得出，稻田 CH_4 排放通量相对于长期不施肥处理明显升高。也有研究认为土壤的 CH_4 氧化活性虽然能受到尿素的抑制，而肥料中的 P 和 K 会使 CH_4 氧化的活性增强[89]，因而混合施肥中的钾或磷能有效缓解由尿素引起的抑制作用。秦晓波等[90]对湖南省望城县晚稻 CH_4 排放进行了研究，结果表明土壤 pH 值在 5~5.56 和 6.2~6.8 两个范围之间时，晚稻 CH_4 排放通量和土壤 pH 值呈显著正相关。因此，对于施用氮肥对稻田温室气体排放的影响还有待进一步研究。

有研究指出，不同施肥处理对 CH_4 排放的季节变化趋势造成的影响不大，但对于 CH_4 的总排放量会有所改变。化学肥料和有机物料的施用相对不施肥处理（NF），稻田 CH_4 的排放速率显著提高[71]。施用有机肥料也会显著影响稻田 CH_4 的排放，长期施用有机肥料会使稻田甲烷排放量明显增加[91,92]。长期施用有机肥对削弱土壤碳释放，抑制大气 CO_2 浓度升高具有重要作用[93]。对于稻田施用有机肥料，不同的施肥方式对 CH_4 的排放产生不同的影响。有学者研究[94,95]，稻田经过长期施用处理后的秸秆或猪粪，相对于单施化肥，CH_4 的排放量显著增加了。Chen[96]等进行了 25 年长期肥料试验研究，发现连续多年在稻田施用畜禽粪便能够使土壤中有机碳含量增加，但也促使稻田 CO_2 的释放增加。

稻田温室气体的排放也受到施肥水平的影响。作为农业大国，中国的农田施肥量一直处于较高的水平。大量研究表明稻田中排放 N_2O 的增加与施入肥料的量有直接关系[72,97-100]，氮、磷肥通过影响稻田 CH_4 的产生、氧化和运输等环节而影响最终排放[101,102]。曾有研究发现，施氮肥能降低稻田 CH_4 排放的 10%~20%[103]。氮、磷肥的施用在水稻不同生长阶段对 CH_4 和 N_2O 排放的影响较为复杂，应该注重二者整体的温室效应。王效科等[104]的研究表明，当化肥施用量减少一半和不施用时，土壤 N_2O 的排放大大减少，分别占当前排放量的 22% 和 41%。施肥水平显著影响 CH_4 和 N_2O 的排放通量，CO_2 排放量与水稻生长特性有密切关系；施肥水平的提高没有促进土壤有机质的积累。张鲜鲜[105]等对上海崇明岛稻田进行研究时发现，在 70% 施肥水平下，相比 100% 施肥水平处理，稻田的干物质积累及实际产量并没有产生显著差异，而土壤温室气体排放量显著降低。

但国内也有研究表明，稻田氮肥用量增加可以降低土壤中 CH_4 的排放，但却增加了 N_2O 的排放[13]。因而降低氮肥的施用可以显著降低温室气体的排放，但稻田温室气体排放对化肥施用量的响应，还与不同地区、不同作物品种间会有差异[106]。稻田 CH_4 的排放量与氮肥施用量之间关系较为复杂，而稻田 N_2O 的排放量随氮肥施用量增加而升高。可以使产量在保持不变的同时适当减少肥料的施用量，使稻田温室气体的排放量得到一定的抑制。

施用有机肥促进稻田 CH_4 的排放，其排放量取决于有机物的成分和性质，有机肥的施用量也影响 CH_4 的排放。有研究指出[107-109]，随着稻田有机肥施用量增加，CH_4 排放量也有增加的趋势。施猪粪的稻田比不施有机肥稻田 CH_4 排放量高94.84%[110]。但有机肥施用量和 CH_4 排放量之间并不是简单的线性关系。施用氮肥后有多少以氮氧化物和氨气形式排放到大气并转化为 N_2O 还不能准确估算；通过土壤淋洗进入水体的铵态氮、硝态氮最终转化为 N_2O 的量也不能准确估算。若要对生态系统中 N_2O 的排放量进行合理估算，必须加强对施用肥料所引起的间接 N_2O 的排放进行相关研究。

为保持土壤肥力，提高粮食产量，土壤中通常有机肥与化肥混施。稻田施用有机厩肥、绿肥和秸秆直接还田为产甲烷菌提供了良好的生长环境和产甲烷基质，明显促进稻田 CH_4 的排放。施用堆腐秸秆（好氧分解）或非水稻生长期稻田排水阶段秸秆还田能极大降低 CH_4 的排放量[111]。化学肥料配施传统的土壤培肥方法，如畜禽粪便和秸秆还田方式，能有效提高土壤碳库储量，但同时也会使土壤呼吸作用增强，增加 CO_2 和 CH_4 的排放量[112-114]。

1.2.3 水肥因子影响稻田 CH_4 和 N_2O 排放研究进展

水和肥是影响稻田 CH_4 和 N_2O 排放两大主控因子[19]。水、肥在水稻生长发育过程中相互影响又相互制约，不同的水肥处理对于温室气体排放的影响是不同的[115]。但目前的大多数针对稻田排放 CH_4 和 N_2O 两种气体的研究是分开的，相关的综合研究还很少[116,117]。稻田 CH_4 和 N_2O 排放存在明显的消长关系，有利于控制 CH_4 排放的水分管理或施肥措施又会促进 N_2O 的排放，而一些控制 N_2O 排放的措施，又影响到 CH_4 的排放[90]。单独针对 CH_4 或 N_2O 的排放提出的调控措施，都有可能增加另一种气体的排放，甚至可能引起总温室气体效应的增加[118]。因此研究水肥因子对稻田温室气体排放的影响，并对温室气体效应进行总体评估，对稻田减排尤为重要。

关于水稻生长的水肥管理，以水氮互作效应的研究较多。有研究发现，当水稻在出现水分胁迫时，氮肥会产生一定的"以肥调水"效应[119]；也有研究显示，水氮互作条件下，水稻水分胁迫增强时，氮肥施用量降低可促进水稻吸氮作用而提升氮肥利用率[120]；Behera S. K. 等[121]通过对施肥水平与灌溉管理模式的耦合效应研究，提出了适应亚热带半湿润灌区的合理水肥管理模式。这些研究都集中在水肥因素对水稻水分利用率及肥料利用率上，对温室气体减排的研究较少。稻田水肥耦合效应对温室气体排放的影响并不完全清楚，缺少综合性、长时间、大规模的水肥耦合效应试验研究，水肥耦合的减排效应及机理尚不清楚。

稻田 CH_4 的排放是一个复杂的微生物、物理和化学过程，是 CH_4 产生、氧化和传输共同作用的结果。目前在稻田 CH_4 排放的影响因素研究中，关于水分管理的研究较多，大多数学者认为水分管理条件是影响稻田 CH_4 排放最重要的因素[27,32,37]。但目前的各种研究中，对于施用化学氮肥对 CH_4 排放的影响机理还没有定论，很多研究测定的结果也不一致。施用肥料的种类和数量虽然直接影响 CH_4 的排放，但也会受到水分的严重制约，由环境和水肥管理因子决定的多元统计模型可解释稻田 CH_4 排放空间变异[27]，因此研究水肥因子共同作用下的稻田减排意义重大。

土壤水分是影响农业源氧化亚氮排放的首要因素[122]。土壤中 N 的化学反应会受到土壤水分条件的强烈影响，当灌溉使土壤中水分含量增加时，土壤中大量的 N 与水发生一系列化学反应，生成大量的 N_2O 释放到大气中。国外针对水氮作用对温室气体排放的影响做了较多研究[123-125]。水稻在生长发育过程中，施入的氮肥不断溶解在水中，使土壤溶液中 NO^-_3 浓度不断发生变化，而土壤溶液中 NO^-_3 浓度是影响稻田 N_2O 排放的一个重要因子。彭世彰等[126]通过对稻田浅层土壤溶液中 NO^-_3 浓度研究得出，施肥方式相同时，灌溉模式对稻田浅层土壤溶液中 NO^-_3 浓度变化影响较大，控制灌溉使得稻田浅层土壤溶液中 NO^-_3 浓度高于淹灌。灌溉方式相同时，不同施肥处理稻田地表水和各层土壤溶液中 NO^-_3 浓度随灌溉模式的不同表现出相反的变化规律。而肥料利用率的提高，又受到土壤水分的严重影响，合理的灌溉模式，会促进作物对可溶性氮肥的吸收利用，从而减少 N_2O 排放。

1.2.4　寒地稻田 CH_4 和 N_2O 排放模型的研究进展

在水肥互作对稻田 CH_4 和 N_2O 排放量影响的研究中，利用数学模型模拟和预测稻田 CH_4 和 N_2O 排放的较多。在所有的模型研究中，主要有机理模型和经验模型两种。机理模型可以通过过程模拟 CH_4 和 N_2O 的排放，解释导致结果的具体原因。

目前，利用水肥管理模式分析对全球温室气体变化的研究主要集中在生态系统对气候变化的响应、生态系统管理对气候变化的影响和扰动对生态系统的影响等方面[126,127]，而对稻田 CH_4 和 N_2O 排放的经验模型研究较少。卢燕宇等[129]通过调研多年来稻田 CH_4 和 N_2O 排放的研究结果，分析了 CH_4 和 N_2O 排放与各环境因子之间的关系，对稻田 CH_4 和 N_2O 排放系数进行了研究。邹建文等[60]采用 IPCC 排放系数法，利用国内外文献报道的我国稻田 N_2O 季节排放通量的数据资料，建立了不同水分管理方式下水稻生育期 N_2O 直接排放量的估算模型。王孟雪等[130]研究表明由于黑龙江寒地水稻生育期不同于南方，CH_4 和 N_2O 季节排放特征也有所不同。因此，一些学者针对南方稻田 N_2O 排放模型研究，无法反映黑龙江省稻田 CH_4 和 N_2O 排放的实际情况。目前，还未有关于节水灌溉模式下寒地稻田生长季温室气体 CH_4 和 N_2O 排放量模型研究。由于不同区域间气候、土壤和作物类型以及管理模式的差异，采用任何一种模型估算所有地区温室气体排放量都会存在很大的不确定性。

在利用数学模型模拟环境因子对土壤 N_2O 排放作用的影响研究中，主要有机理模型（白箱模型或灰箱模型）和经验模型（黑箱模型）两种。机理模型是通过研究氮肥循环过程来模拟 N_2O 的排放得出数学方程式。目前应用最多的机理模型主要有 DNDC 模型[131]、CASA 模型[126,127]、CENTURY 模型[132]、ENTURY-NGAS[133]、DAYCENT 模型[134]、ECOSYS 模型[135]等，其中以 DNDC 模型应用最为广泛[136-141]。DNDC 模型的应用多数都是大尺度估算某国家或地区稻田 N_2O 的排放量。由于地域环境条件的限制，DNDC 模型应用上具有一定制约性。经验模型是利用大量输入—输出数据和统计方法构建的模型。目前关于稻田 N_2O 排放的经验模型主要以回归模型为主。如 Freibauer 等将欧洲的温带和亚寒带地区的 N_2O 排放量进行了逐步多元线性回归[142]。目前关于 N_2O 排放量计算的经验模型多数也是区域或全球稻田 N_2O 排放清单的编制，模型影响因子多数只考虑氮肥用量这一个因素。通过点位数据模拟 N_2O 排放通量的经验模型研究较少；尚未在相关文献资料中查询到有关于黑龙江寒地水稻生育期 N_2O 排放通量的模型的研究。

目前国内外使用最广泛的 CH_4 排放量估算模型是由 Zou JW 等开发的 CH_4MOD[11]和李长生[12]的 DNDC 模型，这两类模型都是基于稻田 CH_4 产生、传输及排放过程的机理模型。由于这两类模型都是在特定环境下得出的，很多学者通过大量的观测数据修正后，应用在田间尺度或区域尺度上对稻田 CH_4 排放量进行估算[23,130,139]。基于环境因子的 CH_4 排放量估算的经验统计模型研究较少；尚未在相关文献资料中查询到关于黑龙江寒地稻作区 CH_4 排放通量的经验模型。

参 考 文 献

［1］　Singh J S，Gupta S R. Plant decomposition and soil respiration in terrestrial ecosystems［J］. Botanical Review，1997，43：449－528.

［2］　蔡祖聪，徐华，马静. 稻田生态系统 CH_4 和 N_2O 排放［M］. 合肥：中国科学技术大学出版社，2009.

［3］　Bouwman A F，Boumans L J M，Batjes NH. Emissions of N_2O and NO from fertilized fields：Summary of available measurement data［J］. Global Biogeochemical Cycles，2002，16（4）：1058－1070.

［4］　Smith P，Martino P，Cai Z，et al. Greenhouse gas mitigation in agriculture［J］. Philosophical transactions of the Royal Society of London. Biological Sciences，2008，363（1492）：789－813.

［5］　Lashof D A，Ahuja D. Relative contributions of greenhouse gas emissions to the global warming［J］. Nature，1990（344）：529－531.

［6］　章永松，柴如山. 中国主要农业源温室气体排放及减排对策［J］. 浙江大学学报（农业与生命科学版）. 2012，38（1）：97－107.

［7］　Cai Z C，Xing G X，Shen G Y，et al. Measurements of CH_4 and N_2O emissions from rice paddies in Fengqiu，China［J］. Soil Sci Plant Nutr，1999，45（1）：1－13.

［8］　李波，荣湘民，谢桂先，等. 有机无机肥配施条件下稻田系统温室气体交换及综合温室效应分析［J］. 水土保持学报，2013，27（6）：298－304.

［9］　王明星. 中国稻田甲烷排放［M］. 北京：科学出版社，2001.

［10］　Zheng X H，Wang M X，Wang Y S，et al. Mitigation options for methane，nitrous oxide and oxide emissions from agricultural ecosystem［J］. Advance in Atmospheric Sciences，2000，17（1）：83－92.

［11］　Zou J W，Huang Y，Jiang J Y，Zheng X H，et al. A 3－year field measurement of methane and nitrous oxide emissions from rice paddies in China：Effects of water regime，crop residue，and fertilizer application［J］. Global Biogeochemical Cycles，2005，19（2）：20－21.

［12］　李长生，肖向明，Frolking S，等. 中国农田的温室气体排放［J］.

第四纪研究，2003，23（5）：493-503.

[13] 牟长城，陶祥云，黄忠文，等. 水稻品种对三江平原稻田温室气体排放的影响 [J]. 东北林业大学学报，2011，39（11）：89-93.

[14] 岳进，梁巍，吴杰，等. 黑土稻田 CH_4 和 N_2O 排放及减排措施研究 [J]. 应用生态学报，2003，14（11）：2015-2018.

[15] 陈冠雄，黄国宏，王正平，等. 稻田 CH_4 和 N_2O 的排放及养萍和施肥的影响 [J]. 应用生态学报，1995，6（4）：378-382.

[16] 侯爱新，陈冠雄，王正平，等. 稻田 CH_4 和 N_2O 排放关系及其微生物学机理和一些影响因子 [J]. 应用生态学报，1997，8（3）：270-274.

[17] 郑循华，王明星，王跃思，等. 华东稻田 N_2O 和 CH_4 排放 [J]. 大气科学，1997，21（2）：231-237.

[18] Zheng X H，Wang M X，Wang Y S，et al. Characters of greenhouse gas（ CH_4 、 N_2O 、NO）emissions from croplands of southeast China [J]. World Resource Review，1999，11（2）：239-246.

[19] Cai Z C，Xing G X，Yan XY，et al. Methane and nitrous oxide emissions fromrice paddy fields as affected by nitrogen fertilizers and water management [J]. Plant and Soil，1997，196（1）：7-14.

[20] Hou A X，Chen G X，Wang Z P，et al. Methane and nitrous oxide emissions from a rice field in relation to soil redox and microbiological processes [J]. Soil Science Society of America Journal，2000（64）：2180-2186.

[21] Kahalil. Emission oftrace gases from Chinese rice fields and biogasgeneration： CH_4 ， N_2O ， CO_2 ，chorocarbons，and hydrocarbons [J]. Chemosphere，1990（20）：207-213.

[22] 邹建文，焦燕，王跃思，等. 稻田 CH_4 、 N_2O 和 CO_2 排放通量分析方法研究 [J]. 南京农业大学学报，2002，25（4）：45-48.

[23] 刘红江，郭智，郑建初，等. 不同栽培技术对稻季 CH_4 和 N_2O 排放的影响 [J]. 生态环境学报，2015，24（6）：1022-1027.

[24] 邹建文，黄耀. 稻田 CO_2 、 CH_4 和 N_2O 排放及其影响因素 [J]. 环境科学学报，2003，23（6）：758-764.

[25] 赵峥，岳玉波，张翼，等. 不同施肥条件对稻田温室气体排放特征的影响 [J]. 农业环境科学学报，2014，33（11）：2273-2278.

[26] 金国强，徐攀峰，方文英，等. 不同稻—麦栽培管理方式对稻季农田温室气体排放的影响 [J]. 浙江农业学报，2014，26（4）：1015-

1020.

[27] 魏海苹，孙文娟，黄耀. 中国稻田甲烷排放及其影响因素的统计分析 [J]. 中国农业科学，2012，45（17）：3531-3540.

[28] Wang Z P，Delaune R D，Masscheleyn P H，et al. Soil redox and pH effects on methane production in a flooded rice soil [J]. Soil Science Society of America Journal，1993，57（2）：382-385.

[29] 谢义琴，张建峰，姜慧敏，等. 不同施肥措施对稻田土壤温室气体排放的影响 [J]. 农业环境科学学报，2015，34（3）：578-584.

[30] 丁维新，蔡祖聪. 土壤甲烷氧化菌及水分状况对其活性的影响 [J]. 中国生态农业学报，2003，11（1）：94-97.

[31] 傅志强，黄璜，陈灿，等. 稻—鸭复合系统中灌水深度对甲烷排放的影响 [J]. 湖南农业大学学报：自然科学版，2006，32（6）：632-636.

[32] 李茂柏，曹黎明，等. 水稻节水灌溉技术对甲烷排放影响的研究进展 [J]. 作物杂志，2010（6）：99-102.

[33] 徐华，蔡祖聪，李小平. 土壤 Eh 和温度对稻田甲烷排放季节变化的影响 [J]. 农业环境保护，1999，18（4）：145-149.

[34] 徐华，蔡祖聪，李小平. 冬作季节土地管理对水稻土 CH_4 排放季节变化的影响 [J]. 应用生态学报，2000，11（2）：215-218.

[35] 叶丹丹，谢立勇，郭李萍，等. 华北平原典型农田 CO_2 和 N_2O 排放通量及其与土壤养分动态和施肥的关系 [J]. 中国土壤与肥料，2011（3），15-20.

[36] 周胜，宋祥甫，颜晓元. 水稻低碳生产研究进展 [J]. 中国水稻科学，2013，27（2）：213-222.

[37] 康新立，华银锋，田光明，等. 土壤水分管理对甲烷和氧化亚氮排放的影响 [J]. 中国环境管理干部学院学报，2013，23（2）：43-46.

[38] 李露，周自强，潘晓健，等. 不同时期施用生物炭对稻田 N_2O 和 CH_4 排放的影响 [J]. 土壤学报，2015，52（4）：839-848.

[39] 孙小静，侯玉兰，王东启，等. 崇明岛稻麦轮作生态系统主要温室气体排放特征及影响因素分析 [J]. 环境化学，2015，34（5）：832-841.

[40] 袁伟玲，曹凑贵，程建平，等. 间歇灌溉模式下稻 CH_4 和 N_2O 排放及温室效应评估 [J]. 中国农业科学，2008，41（12）：4294-4300.

[41] 石生伟，李玉娥，李明德，等. 不同施肥处理下双季稻田 CH_4 和 N_2O 排放的全年观测研究 [J]. 大气科学，2011，35（4）：707-720.

[42] Lal R. Soil carbon sequestration to mitigate climate change [J]. Geo-

derma，2004（123）：1 - 2.

[43] 马秀梅，朱波，郑循华. 冬水田休闲期温室气体排放通量的研究 [J]. 农业环境科学学报，2005，24（6）：1199 - 1202.

[44] 孙成权，高峰，曲建升. 全球气候变化的新认识——IPCC 第三次 气候变化评价报告概览 [J]. 自然杂志，2002，24（2）：114 - 122.

[45] 丁一汇. IPCC 第二次气候变化科学评估报告的主要科学成果和问 题 [J]. 地球科学进展，1997，12（2）：158 - 163.

[46] 韩广轩，朱波，高美荣，等. 中国稻田甲烷排放研究进展 [J]. 西 南农业学报，2003（16）：49 - 54.

[47] 杨智，孙绩华，徐安伦. 稻田 CO_2 和 CH_4 通量特征及碳平衡研究 [J]. 云南大学学报（自然科学版），2013，35（S2）：291 - 295.

[48] 李忠佩，林心雄，车玉萍. 中国东部主要农田土壤有机碳库的平衡 与趋势分析 [J]. 土壤学报，2002，39（3）：351 - 360.

[49] Miyata A，Leuning R，Denmead O T，et al. Carbon dioxide and methane fluxes from an intermittently flooded paddy field [J]. Agric For Meteorol，2000（102）：287 - 303.

[50] 蔡祖聪. 水分类型对土壤排放的温室气体组成和综合温室效应的影 响 [J]. 土壤学报，1999，36（4）：484 - 488.

[51] 陈述悦，李俊，陆佩玲，等. 华北平原麦田土壤呼吸特征 [J]. 应 用生态学报，2004，15（9）：1552 - 1560.

[52] 崔玉亭，韩纯儒，卢进登. 集约高产农业生态系统有机物分解及土 壤呼吸动态研究 [J]. 应用生态学报，1997，8（1）：59 - 64.

[53] 戴万宏，王益权，黄耀，等. 农田生态系统土壤 CO_2 释放研究 [J]. 西北农林科技大学学报·自然科学版，2004，32（12）：1 - 7.

[54] 董玉红，欧阳竹，李运生，等. 肥料施用及环境因子对农田土壤 CO_2 和 N_2O 排放的影响 [J]. 农业环境科学学报，2005，24（5）：913 - 918.

[55] 娄运生，李忠佩，张桃林. 不同利用方式对红壤 CO_2 排放的影响 [J]. 生态学报，2004，24（5）：978 - 983.

[56] 林同保，王志强，宋雪雷，等. 冬小麦农田二氧化碳通量及其影响 因素分析 [J]. 中国生态农业学报，2008（6）：1458 - 1463.

[57] 苏荣瑞，刘凯文，耿一风，等。江汉平原稻田冠层 CO_2 通量变化 特征及其影响因素分析 [J]. 长江流域资源与环境，2013，22（9）：1214 - 1220.

[58] Lloyd，J.，and J. A. Taylor. On the temperature dependence of soil respiration [J]. Functional Ecology，1994（8）：315 - 323.

[59] Epron D. , Farque L. , Lueot E. , et al. soil CO_2 effiux in a beech forest: The contribution of root respiration [J]. Annals of Forest-Scienee, 1999 (56): 289 – 295.

[60] 邹建文. 稻麦轮作生态系统温室气体（CO_2、CH_4 和 N_2O）排放研究 [D]. 南京: 南京农业大学, 2005.

[61] Holt, J. A. , Hodgan M. J. , and Lamb D. . Soil respiration in the seasonally dry tropics near Townsville [J], Northern Queensland. Australian Journal of soil Research, 1990 (28): 737 – 745.

[62] Fang, C. , and Moncrieff J. B. . The dependence of soil CO_2 efflux on temperature [J]. Soil Biology&Bilchemistry, 2001 (33): 155 – 165.

[63] Ryan, M. G, Hubbard R. M. , et al. Foliar, fineroot, woody – tissue and stand respiration in Pinus radiate in relation to nitrogen status [J]. Tree Physiology, 1996 (16): 333 – 343.

[64] Thomas, S. M. , Cook F. J. , Whitehead D. , et al. Seasonal soil – surface carbon fluxes from the root sytems of young Pinus radiate trees growing at ambient and elevated CO_2 concentration [J]. Global Change Biology, 2000 (6): 393 – 406.

[65] Parton, W. J. , Stewart W. B. , Cole C. V. . Dynamics of carbon, nitrogen, phosphorous and sulfur in grassland soils: A model [J]. Biogeochemistry, 1988 (5): 109 – 132.

[66] 张宇, 张海林, 陈继康, 等. 耕作措施对华北农田 CO_2 排放影响及水热关系分析 [J]. 农业工程学报, 2009, 25 (4): 47 – 53.

[67] 史然, 陈晓娟, 沈建林, 等. 稻田秸秆还田的土壤增碳及温室气体排放效应和机理研究进展 [J]. 土壤, 2013, 45 (2): 1193 – 1198.

[68] Silvola J, Alm J, Ahlholm U, et al. CO_2 fluxes from peat in boreal mires under varying temperature and moisture conditions [J]. Journal of Ecology, 1996 (84): 219 – 228.

[69] Klotz M G, Stein L Y. Nitrifier genomics and evolution of the nitrogen cycle [J]. FEMS Microbiology Letters, 2008, 278 (2): 146 – 156.

[70] 中华人民共和国气候变化初始国家信息通报 [M]. 北京: 中国计划出版社, 2004.

[71] 刘晓雨, 李志鹏, 潘根兴, 李恋卿. 长期不同施肥下太湖地区稻田净温室效应和温室气体排放强度的变化 [J]. 农业环境科学学报, 2011, 30 (9): 1783 – 1790.

[72] Xuejun L, Fusou Z. Nitrogen fertilizer induced greenhouse gas emissions

in China [J]. Current Opinion in Environmental Sustainability, 2011, 3 (5): 407 - 413.

[73] 李成芳, 寇志奎, 张枝盛, 等. 秸秆还田对免耕稻田温室气体排放及土壤有机碳固定的影响 [J]. 农业环境科学学报, 2011, 30 (11): 2362 - 2367.

[74] Yang S S, Chang E H. Effect of fertilizer application on methane emission/production in the paddy soils of Taiwan [J]. Biology and Fertility of Soils, 1997, 25 (3): 245 - 251.

[75] 王斌, 李玉娥, 万运帆, 等. 控释肥和添加剂对双季稻温室气体排放影响和减排评价 [J]. 中国农业科学, 2014, 47 (2): 314 - 323.

[76] 马静, 徐华, 蔡祖聪. 施肥对稻田甲烷排放的影响 [J]. 土壤, 2010, 42 (2): 153 - 163.

[77] 纪钦阳, 张璟钰, 王维奇. 施肥量对福州平原稻田 CH_4 和 N_2O 通量的影响 [J]. 亚热带农业研究, 2015, 11 (7): 246 - 253.

[78] Ma J, Li X L, Xu H, et al. Effects of nitrogen fertilizer and wheat straw application on CH_4 and N_2O emissions from a paddy rice field [J]. Australian Journal of Soil Research, 2007, 45 (5): 359 - 367.

[79] 熊效振, 沈壬兴, 王明星, 等. 太湖流域单季稻的甲烷排放研究 [J]. 大气科学, 1999, 23 (1): 9 - 18.

[80] 王玲, 谢德体, 刘海隆, 等. 稻田温度与甲烷排放通量关系的研究 [J]. 中国农业生态学报, 2003, 11 (4): 29 - 31.

[81] 曹金留, 任立涛, 汪国好, 等. 爽水性稻田甲烷排放特点 [J]. 农业环境保护, 2000, 19 (1): 10 - 14.

[82] 孔宪旺, 刘英烈, 熊正琴, 等. 湖南地区不同集约化栽培模式下双季稻稻田 CH_4 和 N_2O 的排放规律 [J]. 环境科学学报, 2013, 33 (9): 2612 - 2618.

[83] 耿春伟, 傅志强. 稻田水肥组合模式的 CH_4 和 N_2O 排放特征及其差异比较 [J]. 作物研究, 2012, 26 (7): 9 - 13.

[84] Adhya T K, Pattnaik P, Satpathy S N, et al. Influence of phosphorus application on methane emission and production in flooded paddy soils [J]. Soil Biology Biochemistry, 1998, 30 (2): 177 - 181.

[85] 刘芳, 李天安, 樊小林. 控释肥和覆草旱种对晚稻稻田 CH_4 和 N_2O 排放的影响 [J]. 西北农林科技大学学报 (自然科学版), 2015, 43 (10): 1 - 10.

[86] 马义虎, 顾道健, 刘立军, 等. 玉米秸秆源有机肥对水稻产量与温室气体排放的影响 [J]. 中国水稻科学, 2013, 27 (5): 520 - 528.

[87]　刘金剑，吴萍萍，谢小立. 长期不同施肥制度下湖南红壤晚稻田 CH_4 的排放 [J]. 2008, 28 (6): 2878 - 2886.

[88]　吕琴，闵航，陈中云. 长期定位试验对水稻田土壤甲烷氧化活性和甲烷排放通量的影响 [J]. 植物营养与肥料学报，2004, 10 (6): 608 - 612.

[89]　章宪，马永跃，王维奇. 外源硫酸盐添加对福州平原稻田甲烷与氧化亚氮排放的影响 [J]. 福建师范大学学报（自然科学版），2014, 30 (4): 111 - 117.

[90]　秦晓波，李玉娥，刘克樱，等. 不同施肥处理稻田甲烷和氧化亚氮排放特征 [J]. 农业工程学报，2006, 22 (7): 143 - 148.

[91]　Kazuyuki I, Hotaka S, Shouji N, et al. Effect of aquatic weeds on methane emission from submerged paddy soil [J]. American Journal of Botany, 2001, 88 (6): 975 - 979.

[92]　Wan Y F, Lin E D. The influence of tillage on CH_4 and CO_2 emission flux in winter fallow cropland [J]. Chinese Journal of Agro meteorology, 2004, 25 (3): 8 - 10.

[93]　于亚军. 施氮稻田温室气体排放的环境效益评价 [J]. 北方环境，2012, 24 (1): 38 - 40.

[94]　袁红朝，吴昊，葛体达，等. 长期施肥对稻田土壤细菌、古菌多样性和群落结构的影响 [J]. 应用生态学报，2015, 26 (6): 1807 - 1813.

[95]　Ding Weixin, Meng Lei, Yin Yunfeng. CO_2 emission in an intensively cultivated loam as affected by long - term application of organic manure and nitrogen fertilizer [J]. Soil Biology & Biochemistry, 2007 (39): 669 - 679.

[96]　Chen Yi, Wu Chunyan, Shui Jianguo, et al. Emission and fixation of CO_2 from soil system as influenced by long - term application of organic manure in paddy soils [J]. Agricultural Sciences in China, 2006, 5 (6): 456 - 461.

[97]　国家环保部，国家统计局，国家农业部. 第一次全国污染源普查公报 [J]. 人民日报，2010 (16): 1 - 7.

[98]　李静，李晶瑜. 中国粮食生产的化肥利用效率及决定因素研究 [J]. 农业现代化研究，2011, 32 (5): 565 - 568.

[99]　Kahrl F, Li Y, Su Y, et al. Greenhouse gas emissions from nitrogen fertilizer use in China [J]. Environmental Science & Policy, 2010, 13 (8): 688 - 694.

[100] Wang J，Xiong Z，Yan X. Fertilizer – induced emission factors and background emissions of N_2O from vegetable fields in China ［J］. Atmos Environ，2011（45）：6923 – 6929.

[101] 石生伟，李玉娥. 不同氮、磷肥用量下双季稻田的 CH_4 和 N_2O 排放 ［J］. 环境科学，2011，32（7）：1989 – 1996.

[102] Zou J W，Huang Y，Lu Y Y，et al. Direct emission factor for N_2O from rice – winter wheat rotation systems in southeast China ［J］. Atmospheric Environment，2005（39）：4755 – 4765.

[103] 陈佳广. 秸秆还田对北方稻田甲烷排放的影响研究 ［J］. 农业科技与装备，2015，（6）：8 – 10.

[104] 王效科，李长生，欧阳志云. 温室气体排放与中国粮食生产 ［J］. 生态环境，2003，12（4）：379 – 383.

[105] 张鲜鲜，殷杉，朱鹏华. 上海崇明岛不同施肥条件下的稻田温室气体排放格局 ［J］. 上海交通大学学报（农业科学版），2013，31（2）：34 – 39.

[106] 刘玉学，王耀锋，吕豪豪，等. 生物质炭化还田对稻田温室气体排放及土壤理化性质的影响 ［J］. 应用生态学报，2013，24（8）：2166 – 2172.

[107] Yagi K，Minami K. Effect of organic matter application on methane emission from some Japanese paddy fields ［J］. Soil Science and Plant Nutrition，1990，36（4）：599 – 610.

[108] 顾道健，薛朋，陈希婕，等. 秸秆还田对水稻生长发育和稻田温室气体排放的影响 ［J］. 中国稻米，2014，20（3）：1 – 5.

[109] 张斌，刘晓雨，潘根兴，等. 施用生物质炭后稻田土壤性质、水稻产量和痕量温室气体排放的变化 ［J］. 中国农业科学，2012，45（23）：4844 – 4853.

[110] 闵航，陈美慈. 水稻田的甲烷释放及其生物学机理 ［J］. 土壤学报，1993，30（2）：125 – 130.

[111] Kazunori Minamikawa，Naoki Sakai，Kazuyuki Yagi. Methane emission from paddy fields and its mitigation options on a field scale ［J］. Microbes Environ，2006，21（3），135 – 147.

[112] 王成己，潘根兴，田有国. 保护性耕作下农田表土有机碳含量变化特征分析——基于中国农业生态系统长期试验资料 ［J］. 农业环境科学学报，2009，28（12）：2464 – 2475.

[113] 吴乐知，蔡祖聪. 基于长期试验资料对中国农田表土有机碳含量变化的估算 ［J］. 生态环境，2007，16（6）：1768 – 1774.

［114］　郑聚锋，张平究，潘根兴，等. 长期不同施肥下水稻土甲烷氧化能力及甲烷氧化菌多样性的变化［J］. 生态学报，2008，28（10）：4864 - 4872.

［115］　彭华，纪雄辉，吴家梅，等. 双季稻田不同种植模式对 CH_4 和 N_2O 排放的影响研究［J］. 生态环境学报，2015，24（2）：190 -195.

［116］　Xie Baohua et al. Modeling Methane Emissions from Paddy Rice Fields under Elevated Atmospheric Carbon Dioxide Conditions［J］. ADVANCES IN ATMOSPHERIC SCIENCES，2010，27（1）：100 - 114.

［117］　Sang Yoon Kim，et al. Contribution of winter cover crop amendments on global warming potential in rice paddy soil during cultivation［J］. Plant Soil，2013，366：273 - 286.

［118］　展茗，曹凑贵. 复合稻田生态系统温室气体交换及其综合增温潜势［J］. 2008，28（11）：5461 - 5468.

［119］　杨建昌，王志琴，朱庆森. 不同土壤水分状况下氮素营养对水稻产量的影响及其生理机制的研究［J］. 中国农业科学，1996，28（4）：58 - 65.

［120］　王绍华，曹卫星，丁艳峰，等. 水氮互作对水稻氮吸收与利用的影响［J］. 中国农业科学，2004，37（4）：497 - 501.

［121］　Behera S. K.，Panda R. K.. Effect of fertilization and irrigation schedule on water and fertilizer solute transport for wheat crop in a sub - humid sub - tropical region［J］. Agriculture，Ecosystems and Environment，2009，130（3/4）：141 - 155.

［122］　蔡延江，丁维新，项剑. 土壤 N_2O 和 NO 产生机制研究进展［J］. 土壤（Soils），2012，44（5）：712 - 718.

［123］　Akira M，Ray L，Owen T D，et al. Carbon dioxide and methane fluxes from an intermittently flooded paddy field［J］. Agricultural and Forest Meteorology，2000（102）：287 - 303.

［124］　谭雪明，黄山，熊超，等. 不同栽培模式对稻田甲烷和氧化亚氮排放的影响［J］. 江苏农业科学，2013，41（12）：341 -344.

［125］　Guo J P，Zhou Ch D. Greenhouse gas emissions and mitigation measures in Chinese agroecosystems［J］. Agricultural and Forest Meteorology，2007，142：270 - 277.

［126］　彭世彰，侯会静，徐俊增，等. 稻田 CH_4 和 N_2O 综合排放对控制灌溉的响应［J］. 农业工程学报，2012，28（13）：121 - 126.

［127］　薛建福，濮超，张冉，等. 农作措施对中国稻田氧化亚氮排放影

响的研究进展［J］. 农业工程学报，2015，31（11）：1-9.

［128］ 董文军，来永才，孟英，等. 稻田生态系统温室气体排放影响因素的研究进展［J］. 黑龙江农业科学，2015（5）：145-148.

［129］ 卢燕宇，黄耀，郑循华. 农田氧化亚氮排放系数的研究［J］. 应用生态学报，2005，16（7）：1299-1302.

［130］ 王孟雪，张忠学. 适宜节水灌溉模式抑制寒地稻田 N_2O 排放增加水稻产量［J］. 农业工程学报，2015，32（15）：72-79.

［131］ 李长生. 生物地球化学的概念与方法——DNDC 模型的发展［J］. 第四纪研究，2001，21（2）：89-99.

［132］ Liu S，Reiners W A，Keller M. Simulation of nitrous oxide and nitric oxide emissions from a primary forest in the Costa Rican Atlantic Zone［J］. Environ Modell Softw，2000（15）：727-743.

［133］ Parton W J，Ojma D S，Cole C V et al. Ageneral model for soil organic matter dtnamics：sensitivity to litter chemistry，texture and management［J］. Soil Sci Am，1994（39）：147-167.

［134］ Parton W J，Holland E A，Del Grosso S J. Generalized model for NO_X and N_2O emissions from soils［J］. J Geophys Res，2001（106）：17403-17419.

［135］ Grant R F，Pattery E. Modeling variability in N_2O emissions from fertilized agricultural fields［J］. Soils，Biol Biochem，2003（35）：225-243.

［136］ 王效科，李长生. 中国农业土壤 N_2O 排放量估算［J］. 环境科学学报，2000，20（4）：483-488.

［137］ 李虎，邱建军，高春雨，等. 基于 DNDC 模型的环渤海典型小流域农田氮素淋失潜力估算［J］. 农业工程学报，2012，28（13）：127-134.

［138］ Cai Z，Sawamoto T，Li C，et al. Field validation of the DNDC model for greenhouse gas emission in East Asia cropping systems［J］. Global Biogeochem Cycles，2003，17（4）：1107.

［139］ Zheng X，Han S，Huang Y，et al. Requantifying the emission factors based on field measurements and estimating the direct N_2O emission from Chinese croplands［J］. Global Biogeochem Cycles，2004（18）：2018.

［140］ Li C，Moisier A，Wassmann R，et al. Modeling greenhouse gas emissions from rice based production sytems［J］. Global Biogeochem Cycles，2004，18：1043.

[141]　Li C，Frolking S，Xiao X，et al. Modeling impacts of farming management alternatives on CO_2，CH_4 and N_2O emissions：A case study for water mangement of rice agriculture of China [J]. Global Biogeochem Cycles，2005 (19)：3010.

[142]　Freibauer A，Kaltschmett M. Nitrous oxide emissions from agricultural mineral soils in Europe controls and models [J]. Biogeochemistry，2003，63 (1)：93 – 115.

第 2 章

试 验 概 述

2.1 试验区概况

本试验于 2014—2015 年在黑龙江水稻灌溉试验中心开展。该中心位于东经 125°44′，北纬 45°63′，地处庆安县和平镇，属于典型的寒温带大陆性季风气候区。多年平均年降水量为 500～600mm，多年平均水面蒸发量为 700～800mm，多年平均气温为 2～3℃。全年无霜期为 128d，作物水热生长期为 156～171d。土壤类型为白浆土型水稻土，容重为 1.01g/cm³，孔隙度为 61.8%。土壤基本理化性质：有机质含量为 41.4g•kg^{-1}、pH 值为 6.40、总氮为 15.06g•kg^{-1}、总磷为 15.23g•kg^{-1}、全钾为 20.11g•kg^{-1}、碱解氮为 154.36mg•kg^{-1}、有效磷为 25.33mg•kg^{-1}、速效钾为 157.25mg•kg^{-1}。黑龙江水稻灌溉试验中心位置图如图 2.1 所示。

图 2.1　黑龙江水稻灌溉试验中心位置图

2.2　试验方案

试验采用 3 种水分管理模式，即控制灌溉（C1）、间歇灌溉（C2）及淹灌（C3）。同时，有 4 个施氮肥水平，即氮肥用量分别为高肥水平处理 135kg·hm^{-2}（N1）、中肥水平处理 105kg·hm^{-2}（N2）、低肥水平处理 75kg·hm^{-2}（N3）、不施氮肥处理（N4）。其中，控制灌溉及间歇灌溉模式为节水灌溉模式。控制灌溉模式田面不建立水层，主要控制土壤含水量；间歇灌溉将每次灌溉水量分次灌入田面，田面无明显水层；淹灌处理田面水层较深，为当地常规灌溉方式。由于黑龙江省春季气温较低，淹水状态有利于插秧后返青，因此在返青期田面保持较深水层。为减少水稻无效分蘖，分蘖末期均进行晒田。每个小区安装水表及水尺控制灌溉水量和水层深度。完全随机设计，每个处理重复 3 次，共 36 个小区，小区面积 100m^2，四周种植水稻设为保护行。小区四周作隔渗处理，隔渗材料为塑料板和水泥埂，土壤埋深为 40cm。每个小区设置固定采样地点，以观测稻田生长季温室气体排放状况。

供试水稻品种为龙庆稻 2 号（主茎 10 片叶），种植密度为 30cm×10cm，每穴 3 株。氮肥按照基肥、蘖肥、调节肥、穗肥的比例为 5∶2.5∶1∶1.5 分施；钾肥分基肥和 8.5 叶龄（幼穗分化期）两次施用，前后比例为 1∶1；P$_2$O$_5$ 为 45kg/hm^2，K$_2$O 为 80 kg/hm^2，磷肥作基肥一次施用。不同灌溉模式下水稻各生育阶段的土壤水分调节标准见表 2.1。

表 2.1　　　　　　　　　　　不同灌溉模式水分管理方式　　　　　　　　　　单位：mm

灌溉方式	返青期	分蘖初期	分蘖中期	分蘖末期	拔孕期	抽开期	乳熟期	黄熟期
控制灌溉	0~30	0~0.7θs	0.7θs~0		0.8θs~0	0.8θs~0	0.7θs~0	
间歇灌溉	0~30	0~40	0~40	晒田	0~30	0~40	0~40	落干
淹灌（CK）	0~30	0~60	0~60		0~60	0~60	0~60	

注　1. θs 为根层土壤饱和含水率，85.5%；

　　2. 表中"~"前数据表示水分控制下限，"~"后数据表示水分控制上限；

　　3. 返青期采用花打水控制水层。

4 月 10 日播种育苗，水稻种植密度为 30cm×10cm，33 穴/m。水稻品种、育秧、移栽、植保及用药等技术措施以及田间管理条件相同。5 月 3 日施基肥，5 月 20 日移栽，5 月 28 日施返青肥，6 月 15 日施分蘖肥，7 月 9 日施穗肥，9 月 20 日收获。水稻生育期为 126d，分为返青期（5 月 20—29 日）、分蘖期（5 月 30 日—7 月 7 日）、拔孕期（7 月 8—21 日）、抽开期（7 月 22 日—8 月 1 日）、灌浆期（8 月 2—24 日）、黄熟期（8 月 25 日—9 月 10 日）。

2.3 试验观测指标与观测方法

在水稻生育期间，对稻田水分动态、水稻生育动态、气象因子、气体样品、产量、土壤及植株样品等因素进行观测、采集和测定。

2.3.1 稻田水分动态观测

（1）土壤水分观测。田面有水层时，观测水层深度变化；田面无水层时，采用土壤水分速测仪测定。

（2）水层观测。用毫米刻度的水尺准确记录各生育期小区内水层深度变化情况，每个小区用标记牌标记 6 个观测点，取其平均值。

（3）试验用水量。用水表精确记录每次灌水量及灌水时间。

2.3.2 水稻生育动态观测

（1）基本苗量。水稻返青期结束后，对每隔小区调查苗量。

（2）分蘖动态。移栽时大田每穴 3 株。从分蘖期开始至黄熟阶段，定点观测每穴苗数，考察分蘖增减动态、最高分蘖数、有效分蘖数。

（3）株高。每个生育期观测。抽穗前为土面至每穴最高叶尖的高度，抽穗后为土面至最高穗顶（不计芒）的高度。

（4）叶面积指数。采用冠层仪测定。干物质：每 10d 各处理取 2 株有代表性的植株利用烘箱进行干物质测定。每个小区用标记牌标记 12 个观测点，取其平均值。

2.3.3 气象因子观测

采样同时，同步测定每个小区的水层深度及土壤 10cm 温度。气象数据由试验站 DZZ2 型自动气象站（天津气象仪器厂）自动记录。

2.3.4　气体样品采集及测定

（1）田间气体采样。按照生育期划分时段，采集气样的时刻选择气体排放最能代表当日气体排放平均水平的时刻。将采集时间灵活安排在每日的 10：00—14：00。

采用人工静态箱法定位观测 CO_2、CH_4 和 N_2O 气体通量。静态箱由透明有机玻璃制成，玻璃厚度 5mm，包括箱体及不锈钢底座两部分。CH_4 和 N_2O 气体采集时，采用不透光静态箱体，CO_2 气体采集时采用透明箱体。不锈钢底座顶端留有宽 2cm、深 5cm 的密封槽，用于气体采集时与箱体密封，当田面有水层时用水封，田面无水层时用土封。箱内顶部安装微型电风扇 1 个，顶部开 2 个小孔，采气管从箱体侧面打孔接入，采气管进入箱内长度为 20cm。气样用 60mL 采样器抽取，气体转入采气袋内。在样品采集过程中，为减少由于太阳辐射导致的箱内气体温度变化，箱体外层覆盖锡纸进行绝热。为适应水稻生育期内株高的变化，采样箱箱体高度分为 60cm 和 110cm 2 种，水稻生育前期采用 60cm 高箱体，生育后期采用 110cm 高箱体。静态箱设计示意图[1]如图 2.2 所示。

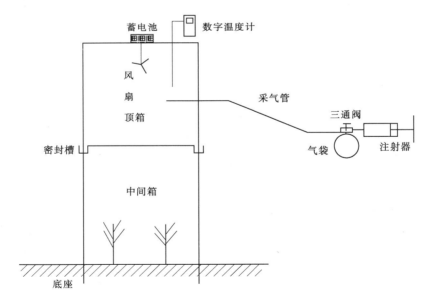

图 2.2　静态箱设计示意图

采样时，将采样箱密封放置于采样点上，静止 2～3min，使箱内气体混合均匀。采样开始后，同时记录时间及采样箱内温度，分别在第 0min、第 10min、第 20min、第 30min 各采集 1 次样品。

收获后至土层冻结前气样采集：每 7d 为一个时段，选择晴朗天气进行采样，水稻生长旺盛阶段进行加测，如遇强降雨天气则推迟取样时间；气体采集时间为每日的 10：00—14：00，日变化测定的气体采集每隔 3h 采样一次；土层冻结冰雪覆盖期气体采集时间为每 15d 进行一次。该试验站位于黑龙江省第四积温带，昼夜温差较大。因此，将采样时间安排在每日的 10：00—14：00 进行，此时采样最能代表当日气体排放平均水平的时刻[2,3]。采样同时记录田面水层深度、地温和天气状况。

（2）气体样品测定。采集到的气样须及时带回实验室进行化验，用气相色谱检测其浓度。检测前，选择合适的气相色谱仪并配置好各项色谱条件。气体浓度采用岛津 GC-17A 气相色谱仪（日本）手动进样测定，CO_2 及 CH_4 浓度检测时采用氢火焰离子化检测器（FID），N_2O 气体浓度检测时采用气相色谱检测器（ECD）。气相色谱配置和分析条件见表 2.2，标准气体由国家标准物质中心提供。

表 2.2 气相色谱配置和分析条件

气体样品	色 谱 柱	柱温 /℃	检测器	保留时间 /min	载气	流量 /(cm³·min⁻¹)
CO_2	2.0m×2.2mm（内径）不锈钢柱，内填 50~80 目 Proapack Q	55	FID，200℃ H_2 30cm³·min⁻¹ Air 400cm³·min⁻¹	1.61	高纯 N_2	30
CH_4	3.0m×2.2mm（内径）不锈钢柱，内填 50~80 目 Proapack Q	55	FID，200℃ H_2 30cm³·min⁻¹ Air 400cm³·min⁻¹	2.85	高纯 N_2	30
N_2O	1.0m×2.2mm（内径）不锈钢柱，内填 80~100 目 Proapack Q	55	ECD，330℃	3.53	高纯 N_2	30

2.3.5 产量测定

在水稻收获期，每小区选 1m² 进行收获测产；每个测产小区随机选取 20 株长势中等的水稻植株，用于测定各处理水稻生物量、有效穗数、实粒数、空壳率、千粒重和计算水稻理论产量，同时测定水稻稻米品质及植物养分含量。

2.3.6　土壤及植株样品测定

1. 土壤样品分析测定

每个生育期及施肥后的第 7 天，试验小区选取 3 个点采集土壤冷冻，带回实验室测定土壤指标。小区所取土壤样品测定指标为土壤的含水量、pH 值、无机态氮（铵态氮和硝态氮）。植株样品测定指标为植物养分含量及稻米品质。土样测定 5 项基础指标。土壤含水量采用烘干称重法测定；土壤 pH 值测定采用蒸馏水（土水比为 1：2.5）浸提 30min，用 Mettler - toledo320 pH 值计测定；土壤 Eh 值应用便携式氧化-还原电位仪原位测定；铵态氮采用滴定法测定；硝态氮采用比色法测定[4]。

基础土样基本理化指标测定方法：采用消煮法测定土壤全氮含量；采用钼锑抗比色法测定土壤全磷含量；全钾采用火焰光度计测定。

2. 植株样品分析测定

植株样品的茎叶及籽粒分别测定植物养分含量。在水稻成熟期将植株地上部分茎叶和子粒分别烘干称干重，并测其总氮含量，以估算各项氮肥利用效率指标。采用凯氏定氮法测定植株总氮。

2.4　计算方法和数据分析

计算稻田 CH_4、N_2O 和 CO_2 排放通量，一般采用国际通用公式[5]为

$$F = \rho h \frac{dC}{dt} \cdot \frac{273}{273+t} \cdot \frac{p}{p_0} \qquad (2-1)$$

式中　F——CH_4 的排放通量，$mg \cdot m^{-2} \cdot h^{-1}$，$N_2O$ 的排放通量，$\mu g \cdot m^{-2} \cdot h^{-1}$ 和 CO_2 的排放通量，$mg \cdot m^{-2} \cdot h^{-1}$；

　　　　ρ——CH_4、N_2O 和 CO_2 这三者气体在标准状态下的密度，CH_4 为 0.714kg·m^{-3}、N_2O 为 1.964kg·m^{-3}，CO_2 为 1.977kg·m^{-3}；

　　　　h——箱体有效高度，田面有水层时为水面到达箱顶高度，无水层时候为箱体自身高度，m；

$\dfrac{\mathrm{d}C}{\mathrm{d}t}$——采样过程中采样箱内气体浓度变化率，$\mathrm{mL \cdot m^{-3} \cdot h^{-1}}$；

t——采样箱内的平均温度，℃；

p——采样箱内气压；

p_0——标准大气压。

该地区属于平原地区，气压影响较小，p 认为等同于标准大气压。根据气样浓度与时间的关系曲线计算气体的排放通量，累积排放量是平均排放通量乘以相应的观测时间天数[6]。

试验数据采用 EXCEL2007 和 SPSS8.0 进行统计分析。均值之间的多重比较利用 Duncan's 分析，显著性假设为 $p < 0.05$。

参 考 文 献

[1] 朱士江. 寒地稻作不同灌溉模式的节水及温室气体排放效应试验研究 [D]. 哈尔滨：东北农业大学，2012.

[2] 马秀枝，张秋良，李长生，等. 寒温带兴安落叶松林土壤温室气体通量的时间变异 [J]. 应用生态学报，2012，23（8）：2149-2156.

[3] 陈卫卫，王毅勇，赵志春，等. 三江平原春小麦农田生态系统氧化亚氮通量特征 [J]. 应用生态学报，2007，18（12）：2777-2782.

[4] 鲁如坤. 土壤农业化学分析方法 [M]. 北京：中国农业科技出版社，1999.

[5] 郭小伟，杜岩功，李以康，等. 高寒草甸植被层对于草地甲烷通量的影响 [J]. 水土保持研究，2015，22（1）：146-151.

[6] 刘晓雨，李志鹏，潘根兴，李恋卿. 长期不同施肥下太湖地区稻田净温室效应和温室气体排放强度的变化 [J]. 农业环境科学学报，2011，30（9）：1783-1790.

第 3 章

不同水肥管理模式下寒地稻田 CH_4 排放效应研究

近年来，我国大量田间试验表明，大部分地区稻田 CH_4 排放量的测定结果与日本、意大利和美国等国家并无显著差异，但仍有一些地区稻田 CH_4 排放量很高[7,8]。目前，国内对稻田 CH_4 排放的研究较多[9-13]，但多集中在南方水稻产区，对寒地稻田 CH_4 排放的研究较少。黑龙江省寒地水稻种植面积占据北方稻作区的主要位置，是我国北方重要的商品粮基地。针对这类稻田 CH_4 的排放规律和机理进行研究并提出相应的对策措施，对于减少我国稻田 CH_4 排放总量具有重要意义。

3.1 水稻生长季内 CH_4 排放规律

3.1.1 不同水氮处理条件下稻田 CH_4 的排放通量的季节变化特征

不同水氮处理条件下稻田 CH_4 的排放通量的季节变化特征如图 3.1 所示。

由图 3.1（a）可以看出，在控灌条件下，不同水肥处理稻田 CH_4 的排放季节变化存在较大差异。在生育前期，从泡田至分蘖期，不同处理的稻田 CH_4 的排放差别不大，均处于缓慢上升趋势。从分蘖中期开始，不同水肥处理的差异较为显著。高肥条件处理（C1N1）的稻田 CH_4 排放有三个排放高峰，第一次出现在分蘖末期，相对其他三个处理时间滞后。晒田期逐渐下降，之后在拔孕期又开始上升，出现第二次排放高峰。拔孕期后稻田 CH_4 的排放迅速降低，到乳熟期出现第三次排放小高峰。中等施肥水平处理，在分蘖中期出现第一次峰值，之后排放量减少，从山田末期开始转为上升，且持续出现两个排放峰值。低肥水平处理，最大峰值出现在晒田之后的复水阶段，在分蘖中期和乳熟期分别出现两次排放小高峰。不施肥处理的稻田 CH_4 的排

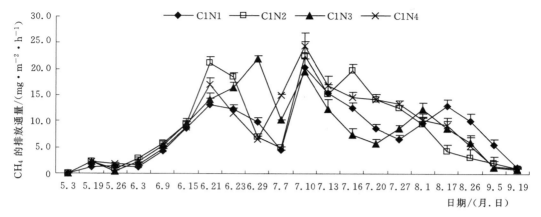

（a）控制灌溉模式下气体排放规律

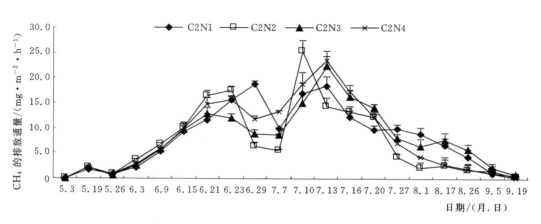

（b）间歇灌溉模式下气体排放规律

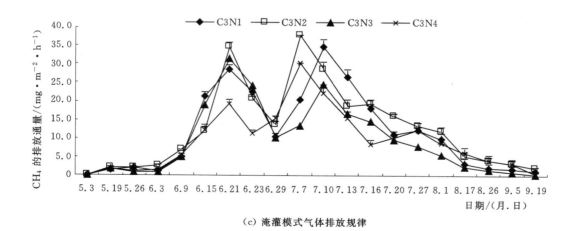

（c）淹灌模式气体排放规律

图 3.1　不同水氮处理条件下稻田 CH₄ 的排放通量的季节变化特征

放处于较高水平，在分蘖中期出现第一次峰值，之后排放量下降，从晒田开始，排放量迅速增加，并在拔孕期出现最大值，此后缓慢下降。无论哪种肥力条件，在水稻泡田期及收获期稻田 CH$_4$ 排放均处于较低水平。

由图 3.1 (b) 可以看出，在间歇灌溉条件下，不同施肥条件下的稻田 CH$_4$ 的排放均出现两次排放高峰。高肥条件下 (N1)，第一次峰值出现在分蘖末期，相对其他处理滞后；第二次峰值出现在拔孕期，低于其他三个处理 (N2、N3 和 N4)。正常施肥条件下 (N2)，第一次排放的高峰出现在分蘖中期，之后下降；从晒田末期开始迅速增加，并达到全生育期最高值。低肥条件处理 (N3) 及不施肥处理 (N4) 排放特征相似；在分蘖中期出现第一次排放高峰，之后回落；第二次排放的高峰为从晒田期开始缓慢回升，并在拔孕期达到最高峰，此后排放量迅速下降。

淹灌条件下，不同施肥处理稻田 CH$_4$ 的排放通量的季节变化特征如图 3.1 (c) 所示。不同施肥条件下，各处理第一次排放峰值均出现在分蘖中期，中等肥力水平处理，排放通量高峰达到 34.8mg·m^{-2}·h^{-1}，不施肥处理稻田 CH$_4$ 的排放通量最小，为 19.2 mg·m^{-2}·h^{-1}。从晒田期开始，各处理的稻田 CH$_4$ 的排放通量逐渐上升至第二次排放高峰。中等施氮水平处理和不施肥处理最先达到峰值，之后回落，并均在抽开期出现小幅回升。高肥处理和低肥处理的稻田 CH$_4$ 排放通量季节变化较为相似，差异不大。

3.1.2　不同水氮处理 CH$_4$ 的排放平均通量和累积排放量

不同水氮处理 CH$_4$ 排放平均通量和累积排放量的观测结果见表 3.1。由表可知，控制灌溉和间歇灌溉模式处理的 CH$_4$ 排放通量变化幅度均小于淹灌模式 (0.16～53.77mg·m^{-2}·h^{-1})。

表 3.1　　　　　　　　不同水氮处理 CH$_4$ 排放平均通量和累积排放量

灌溉模式	处理	生长周期 /d	CH$_4$ 排放通量/(mg·m^{-2}·h^{-1})		季节累积排放量 /(kg·hm^{-2})
			通量变化范围	平均值	
控制灌溉	C1N1	124	0.14～20.43	7.91±0.4b	235.46±11.9b
	C1N2	124	0.19～24.38	9.26±0.23a	275.65±5.95a
	C1N3	124	0.32～25.2	8.32±0.32b	247.71±9.58b
	C1N4 (CK)	124	0.21～26.49	9.13±0.39a	271.74±11.61a

| 灌溉模式 | 处理 | 生长周期/d | CH_4 排放通量/(mg·m^{-2}·h^{-1}) | | 季节累积排放量/(kg·hm^{-2}) |
			通量变化范围	平均值	
间歇灌溉	C2N1	124	0.67～18.4	8.16±0.51a	242.95±14.9a
	C2N2	124	0.48～25.25	7.27±0.28b	216.47±8.5b
	C2N3	124	0.55～22.33	8.00±0.49a	238.12±14.8b
	C2N4（CK）	124	0.28～23.55	8.22±0.40a	244.70±11.6a
淹灌	C3N1	124	0.56～42.13	12.60±1.1b	375.05±29.8b
	C3N2	124	0.16～53.77	14.09±1.2a	419.27±27.9a
	C3N3	124	0.25～24.47	9.97±0.2c	296.74±5.9c
	C3N4（CK）	124	0.61～32.12	9.55±0.44c	284.34±13.1c

注　a、b、c 表示处理间差异达 0.05 显著水平，下同。

淹灌模式（CK）下，各处理 CH_4 排放通量均值高于控制灌溉和间歇灌溉模式处理的 CH_4 排放通量均值。在控制灌溉条件下，中肥水平处理的 CH_4 排放通量均值高于 CK，但差异不显著（$p < 0.05$），低肥处理与高肥处理的 CH_4 排放通量均值较低，与 CK 达到了显著性差异（$p < 0.05$）。间歇灌溉条件下，中肥处理的 CH_4 排放通量均值最低为 7.27mg·m^{-2}·h^{-1}，其余三个处理差异不大。淹灌条件下，低肥及中肥处理的 CH_4 排放通量均值均高于 CK，达到显著性差异（$p < 0.05$）。不论施肥方式如何，淹灌模式显著增加了稻田 CH_4 的排放通量。

在控制灌溉和间歇灌溉模式下，各处理的 CH_4 的累积排放量变化较小，变化幅度在 216.47～275.65kg·hm^{-2}。淹灌模式下各处理的 CH_4 的累积排放量差异显著（$p < 0.05$），变化幅度在 284.34～419.27kg·hm^{-2}。相同肥力水平下，淹灌处理的 CH_4 的累积排放量均高于控制灌溉和间歇灌溉处理。

方差分析见表 3.2。水肥管理模式对水稻生长季节 CH_4 平均排放通量和季节累积排放量具有极显著（$p < 0.01$）的影响。氮肥用量对水稻生长季节 CH_4 平均排放通量和季节累积排放量也产生了极显著影响（$p < 0.01$）。双因素方差分析结果表明，水分管理和氮肥用量两因素对水稻生长季节 CH_4 排放平均通量和季节累积排放量均具有交互作用。

方差分析结果	CH₄ 通量的均值	CH₄ 季节累积排放量
水分管理 W	＊＊	＊＊
氮肥用量 N	＊＊	＊
水分管理×氮肥用量（W×N）	＊＊	＊＊

表 3.2 CH₄ 平均排放通量和累积排放量的方差分析

注 ＊和＊＊分别表示在 0.05 和 0.01 水平上差异显著，下同。

3.1.3 水稻不同生育期 CH₄ 排放量

水稻不同生育期各处理的 CH₄ 排放量如图 3.2 所示。图中 a、b、c、d 表示为不同水分管理模式编号（全书余同）。从全生育期来看，各处理 CH₄ 排放量主要集中在分蘖期、拔孕期和抽开期三个阶段，在泡田期及水稻生育后期排放较少。由图 3.2（a）可见，在控制灌溉模式下，各处理 CH₄ 的排放量在拔孕期最大，分别占各自全生长季 CH₄ 排放量的 22.1%、33.9%、25.9% 和 32.3%。其次为抽开期，各处理 CH₄ 的排放量分别占各自全生长季 CH₄ 排放量的 21.3%、29.6%、19.8% 和 30.9%。在分蘖期和 C1N2 处理的 CH₄ 的排放通量值为 61.17mg·m^{-2}·h^{-1}，在拔孕期该处理 CH₄ 的排放通量值为 64.5mg·m^{-2}·h^{-1}，为全生育期最高。

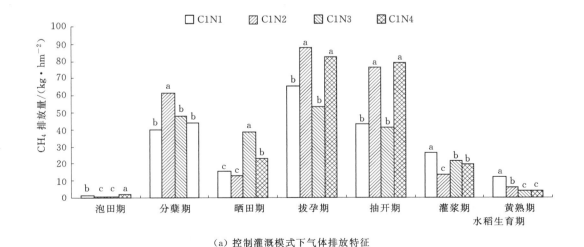

（a）控制灌溉模式下气体排放特征

图 3.2（一） 水稻不同生育期 CH₄ 排放量

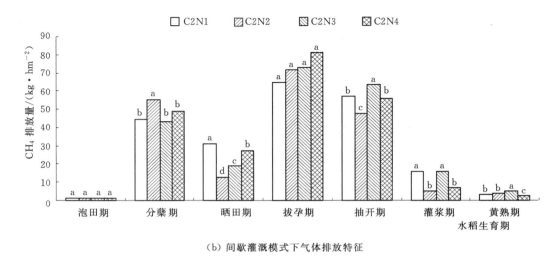

（b）间歇灌溉模式下气体排放特征

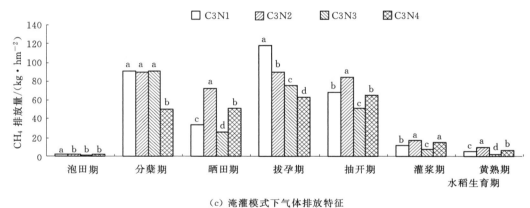

（c）淹灌模式下气体排放特征

图 3.2（二）　水稻不同生育期 CH₄ 排放量

由图 3.2（b）可以看出，在间歇灌溉模式下，不同施肥处理的 CH₄ 排放量均在拔孕期出现最高值，分别占各自全生长季 CH₄ 排放量的 29.8%、36.5%、33% 和 36.3%。C2N2 处理得 CH₄ 排放量在分蘖期较大，占全生长季 CH₄ 排放量的 27.9%。而其他三个处理得另一个 CH₄ 集中排放阶段为抽开期。

图 3.2（c）表明，在淹灌模式下，各施肥的处理 CH₄ 集中排放也处于分蘖期、拔孕期和抽开期三个时期。C3N4 处理在拔孕期和抽开期两个阶段的排放值相近，分别占全生育期排放量的 24.8% 和 25.6%。C3N3 处理在分蘖期出现高排放值，占到全生长季 CH₄ 排放量的 36%。C3N1 和 C3N2 的排放最高值出现在拔孕期，其中 C3N1 处理的 CH₄ 排放量占全生长季的 36%。

3.2 稻田环境因子的动态变化及与 CH₄ 排放通量的关系

3.2.1 气象条件的动态变化

水稻生长季节内气温与降水变化如图 3.3 所示。本试验地点属于典型的大陆性季风气候区，雨热同季。水稻生育期内温度最高的阶段，也是降水量最为频繁的阶段。6—8 月的气温较高，但降水也最为集中。水稻生育前期及后期，降水量减少，气温也较低。

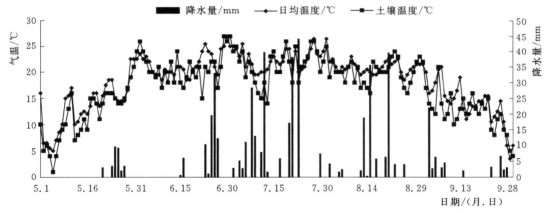

图 3.3 水稻生长季节内气温与降水变化

3.2.2 土壤 NH₄⁺—N 和 NO₃⁻—N 含量的动态变化

将不同处理水稻各生育阶段的土壤 NH₄⁺—N 含量进行测定，如图 3.4 所示。相同灌溉模式下，各处理土壤 NH₄⁺—N 含量变化规律较一致，均出现双峰型特征，而各肥力水平之间没有表现出明显的规律性。如图 3.4（a）所示，在控制灌溉条件下，各处理在水稻移栽时土壤 NH₄⁺—N 含量较低，而后到分蘖期（6 月 7 日）有小幅增高，之后逐渐降低，分蘖末期（7 月 5 日）达到最低，之后又开始上升，至孕穗期（7 月 16 日）达到峰值。

间歇灌溉和淹灌模式下，各生长季土壤 NH₄⁺—N 含量呈现出相似的规律性［图 3.4（b）、（c）］。从移栽后开始上升，在分蘖期达到整个生育期高峰。之后逐渐下降，从分蘖末期开始小幅增长，到拔孕期达到第二个峰值，之后降低，直至收获。在所有处理中，C2N2 处理在分蘖期出现最高值 6.7mg·kg⁻¹，C3N4 处理在分蘖末期出现最小值 3.24 mg·kg⁻¹。

各处理土壤 NO_3^-—N 含量在不同生育期的动态变化如图 3.5 所示。不同水肥处理的土壤 NO_3^-—N 含量较土壤氨态氮含量略低。各处理土壤 NO_3^-—N 含量在全生育期内的变化呈现相似的趋势。水稻泡田期土壤 NO_3^-—N 含量较高，之后下降，在分蘖期（6 月 7 日）出现第一次峰值，在拔孕期（7 月 16 日）出现第二次峰值，此阶段后再次下将，从灌浆期（7 月 24 日）开始再次回升。

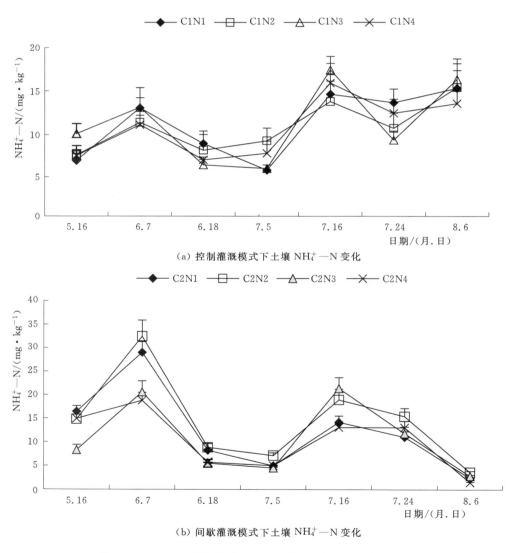

（a）控制灌溉模式下土壤 NH_4^+—N 变化

（b）间歇灌溉模式下土壤 NH_4^+—N 变化

图 3.4（一）　水稻生长季各处理土壤 NH_4^+—N 的动态变化

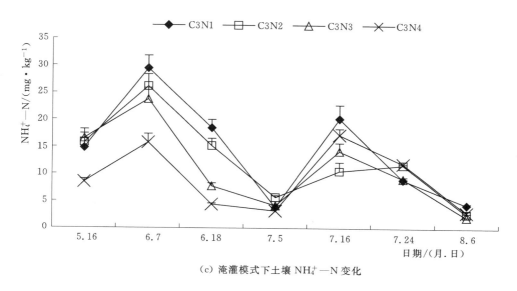

（c）淹灌模式下土壤 NH₄⁺—N 变化

图 3.4（二） 水稻生长季各处理土壤 NH₄⁺—N 的动态变化

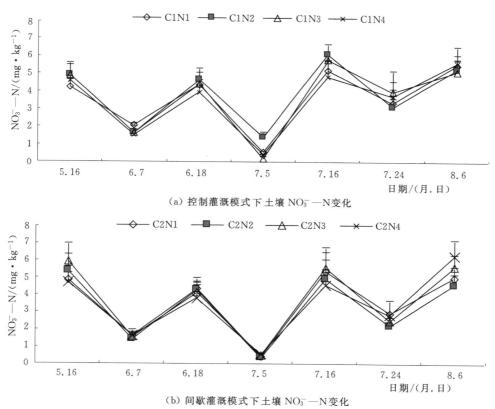

（a）控制灌溉模式下土壤 NO₃⁻—N 变化

（b）间歇灌溉模式下土壤 NO₃⁻—N 变化

图 3.5（一） 水稻生长季各处理土壤 NO₃⁻—N 的动态变化

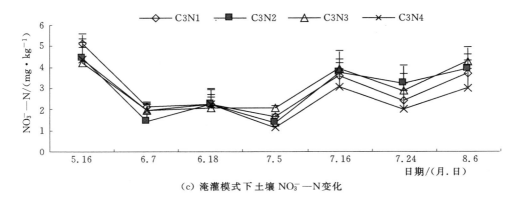

（c）淹灌模式下土壤 $NO_3^- - N$ 变化

图 3.5（二） 水稻生长季各处理土壤 $NO_3^- - N$ 的动态变化

控制灌溉模式和间歇灌溉模式下的各处理土壤 $NO_3^- - N$ 含量波动较大如图 3.5（a）、（b）所示，在 $0.19 \sim 6.29 mg \cdot kg^{-1}$，而淹灌模式下的各处理波动较小，如图 3.5（c）所示，在 $1.14 \sim 5.15 mg \cdot kg^{-1}$。各施肥水平间没有出现明显的规律性特征。在所有处理中，C1N3 处理在抽开期（7 月 5 日）出现最低值 $0.19 mg \cdot kg^{-1}$，C2N3 处理在黄熟期（8 月 6 日）出现最大值 $6.29 mg \cdot kg^{-1}$。

3.2.3 土壤 pH 值的动态变化

各处理水稻生长季节土壤 pH 值的动态变化如图 3.6 所示。各处理土壤 pH 值在整个水稻生长季节变化很小，在 $6.09 \sim 6.79$ 间变化波动。在水稻移栽期间，各处理土壤 pH 值较小，之后小幅上升，并在整个生育期间出现几次波动。

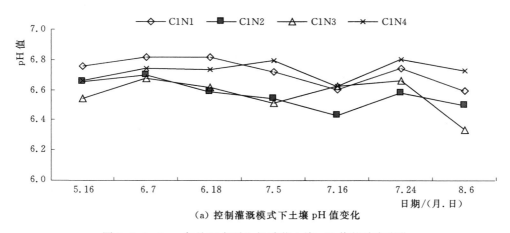

（a）控制灌溉模式下土壤 pH 值变化

图 3.6（一） 各处理水稻生长季节土壤 pH 值的动态变化

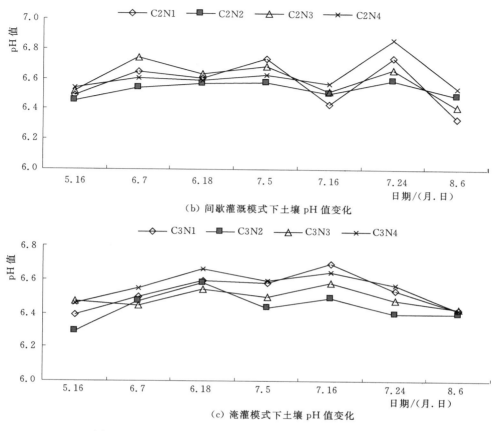

(b) 间歇灌溉模式下土壤 pH 值变化

(c) 淹灌模式下土壤 pH 值变化

图 3.6（二）　各处理水稻生长季节土壤 pH 值的动态变化

3.2.4　CH₄ 排放通量与气象因子的关系

在整个水稻生长季内，稻田 CH₄ 排放通量主要集中在分蘖期、拔节孕穗期及抽开期三个阶段，而拔节孕穗期及抽开期的 CH₄ 累积排放量最高。此时温度日变化较小，日平均气温较高，土壤水热状况适宜，使土壤中甲烷菌的活性大大增强，促进了土壤中 CH₄ 的产生。此外，该阶段较高的气温，也加速了土壤中 CH₄ 向大气中的传输。

6 月 20 日—7 月 14 日，气温较高，但此阶段降水频繁，各个处理的 CH₄ 的排放通量呈缓慢增加的趋势，CH₄ 累积量并没有在全生育期当中占很大比例。可见，在气象因子中，气温对 CH₄ 的排放起到了一定的促进作用。

3.2.5　CH₄ 排放通量与土壤因子的关系

不同处理 CH₄ 排放通量与土壤因子的相关关系见表 3.3。控制灌溉模式下，

C1N2 处理 CH_4 排放通量与土壤 NH_4^+—N 含量具有显著相关性，其他三个处理没有相关性。间歇灌溉模式和淹灌模式下 CH_4 排放通量与土壤 NH_4^+—N 含量呈现显著或极显著相关关系，其中 C2N1 及 C2N3 两个处理达到极显著相关关系。C2N4 处理的 CH_4 排放通量与土壤 NH_4^+—N 含量呈现负相关关系，其他处理没有表现出相关性。C3N4 处理的 CH_4 排放通量与土壤 pH 值呈现显著相关，其他处理相关关系不显著。

表 3.3　　　　　　　　不同处理 CH_4 排放通量与土壤因子的相关关系

CH_4 排放通量	土　壤　因　子					
	NH_4^+—N		NO_3^-—N		pH 值	
	Pearson 系数	P 值	Pearson 系数	P 值	Pearson 系数	P 值
C1N1	0.690	0.086	−0.662	0.105	−0.097	0.836
C1N2	0.829*	0.021	−0.424	0.343	−0.248	0.591
C1N3	0.010	0.983	−0.638	0.123	0.501	0.252
C1N4	0.634	0.126	−0.574	0.178	−0.048	0.921
C2N1	0.906**	0.005	−0.529	0.222	0.393	0.383
C2N2	0.845*	0.017	−0.655	0.110	0.337	0.460
C2N3	0.908**	0.005	−0.542	0.209	0.424	0.344
C2N4	0.862*	0.013	−0.706*	0.077	0.110	0.815
C3N1	0.740*	0.057	−0.643	0.119	0.544	0.206
C3N2	0.800*	0.031	−0.767	0.044	0.529	0.222
C3N3	0.789*	0.035	−0.661	0.106	0.171	0.714
C3N4	0.846*	0.016	−0.594	0.160	0.816*	0.025

注　*和**意义同前。

3.2.6　CH_4 排放通量与土壤氧化还原电位（Eh 值）的关系

稻田 CH_4 排放通量与土壤氧化还原电位（Eh 值）的相关关系如图 3.7 所示。本书将两年水稻各个生育阶段的 CH_4 排放通量与土壤氧化还原电位 Eh 值数据进行相关分析，结果表明 CH_4 排放通量与土壤氧化还原电位有极显著负相关关系（$R^2 = 0.8888$，$P < 0.01$，$n = 168$）。随着土壤氧化还原电位的增大，CH_4 排放通量显著降低。

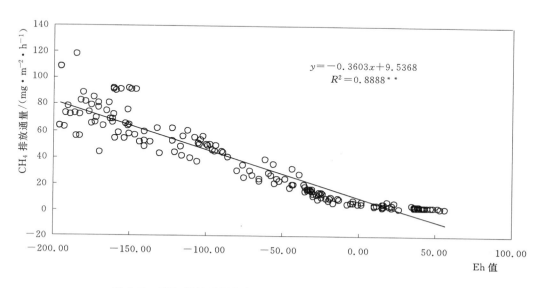

图 3.7 CH_4 排放通量与氧化还原电位（Eh 值）的相关关系

3.2.7 CH₄ 排放通量与土壤 5cm 深度温度的关系

土壤温度受水稻的呼吸和蒸腾作用影响，土壤温度也影响着稻田 CH_4 的传输途径，与稻田 CH_4 气体的排放密不可分。土壤中有机物分解、产菌群落数量及其活性也受到土壤温度的密切影响。

CH_4 排放通量与土壤 5cm 深温度的关系如图 3.8 所示。通过相关分析可以看出，稻田 CH_4 排放通量与土壤 5cm 深温度具有极显著的正相关（$R^2 = 0.209$，$P < 0.001$，$n = 168$）关系。

3.2.8 CH₄ 排放通量与水层深度的关系

稻田 CH_4 排放通量与水层深度数据进行相关分析，如图 3.9 所示。相关分析表明 CH_4 排放通量与水层深度间的相关关系达到极显著水平（$R^2 = 0.1436$，$P < 0.001$，$n = 168$）。稻田长期处于淹水状态，稻田的 CH_4 排放通量明显增加。

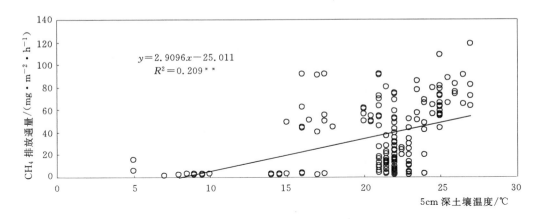

图 3.8 CH₄ 排放通量与土壤 5cm 深温度的关系

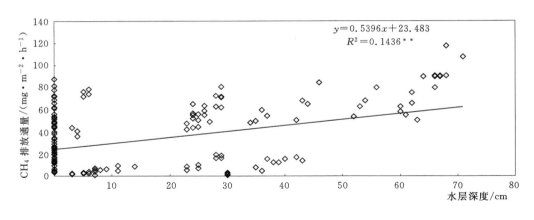

图 3.9 CH₄ 排放通量与水层深度的关系

3.3 水稻生长与 CH₄ 累积排放量的关系

3.3.1 不同水肥处理的水稻生长变化

将水稻每个生育期的株高进行测量，如图 3.10 所示。由图可以看出，不同处理的水稻株高在返青期差别不大，随着时间的推移，不同施肥量水平下的水稻株高变化基本相同，高肥量处理与中等肥量处理的株高差别不大。在抽开期到乳熟期水

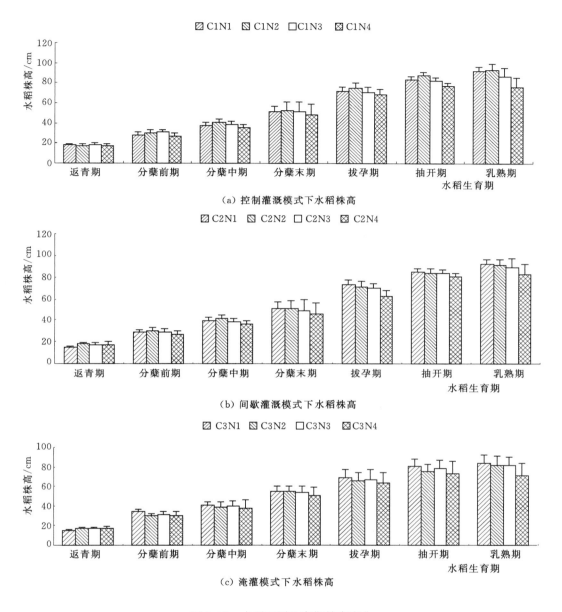

图 3.10　水稻不同生育期株高变化

稻的株高有进一步的提高，说明施氮肥的增加，对水稻后期生长依然有促进作用。各处理的水稻株高主要是在拔孕期至抽开期变化较大，此时对于水稻株高来说是需氮敏感期。

　　控制灌溉模式下［图 3.10（a）］，中等施肥水平处理的水稻株高在全生育期处于较高优势，而高肥处理的水稻株高处于第二位，说明在控制灌溉条件下，施氮肥的增加对水稻株高有明显的促进作用，但随着施氮肥的增加对水氮株高的促进作用在减弱。间歇灌溉模式下各生育期水稻株高差别不大。淹灌模式下，高施氮量水平处理的水稻株高在不同生育阶段均为最高。长期淹水条件下，氮肥的损失较大，而较高的施肥量，弥补了氮肥的损失，从而使高施氮量水平处理的水稻生长最优，特别在水稻生长后期变现较为明显。

3.3.2　水稻地上部分生物量与时间的关系

在水稻生育阶段采集植株样品，将地上部分生物量与水稻移栽后的时间进行分析，如图 3.11 所示。在水稻移栽后，随着时间的推移，水稻地上部分的生物量呈现增加的趋势，其变化趋势符合指数方程，相关系数为 $R^2 = 0.922^{**}$（$P < 0.01$，$n = 84$）。

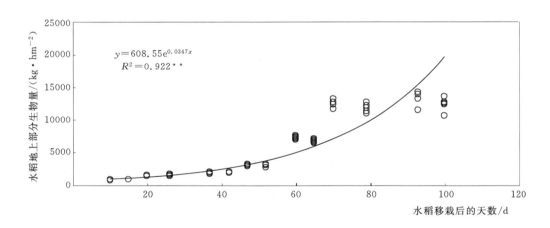

图 3.11　水稻地上部分生物量与时间的相关关系

将每次采样得到的水稻地上部分生物量与不同生育阶段的 CH₄ 的累积排放量分析作图，如图 3.12 所示。本书试验中 CH₄ 的季节累计排放量与水稻地上部分生物量成负相关关系，相关性不显著 $R^2 = 0.0204$（$P < 0.01$，$n = 84$）。CH₄ 的季节累积排放量主要集中于分蘖期、拔孕期和抽开期三个阶段，而在水稻生长后期 CH₄ 季节排放量较少。随着水稻植株的生长，CH₄ 的季节累积排放量并没有表现出增加的趋势，可能是由于 CH₄ 的排放量主要受环境条件影响较大，掩盖了植株生长发育对其的影响。

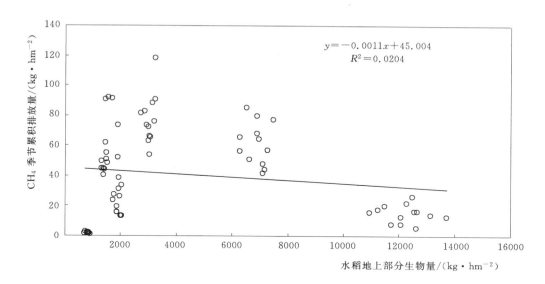

图 3.12 CH$_4$ 季节累积排放量与水稻地上部分生物量的关系

3.4 小结

3.4.1 水肥因子对 CH$_4$ 排放的影响

稻田 CH$_4$ 排放主要受水分管理模式影响。水稻生育前期，各处理稻田水层深度一致。泡田以及返青期的淹水状态，使得土壤中有机质分解慢，CH$_4$ 排放也较缓慢。从分蘖期开始，各处理间 CH$_4$ 排放出现了较大差异。长期的淹水状态，土壤气体扩散被阻断，甲烷菌群数量增多，有利于 CH$_4$ 的产生和释放[14,15]。因此长期淹灌模式下 CH$_4$ 排放在整个水稻生育期都维持相对较高水平。间歇灌溉及浅湿灌溉模式，田面水层较浅，使土壤有利于气体交换，提高 CH$_4$ 的氧化速率，抑制甲烷菌活性，减少了 CH$_4$ 的产生和排放。控制灌溉稻田无水层，土壤中的甲烷菌活性降低，减少了CH$_4$ 的产生，但同时土壤通气状况良好，促进了 CH$_4$ 的排放。从晒田期至拔孕期，各处理均再次出现了 CH$_4$ 排放高峰，水层的落干导致了 CH$_4$ 的排放，且此时是水稻生长旺季，导致了稻田 CH$_4$ 的排放显著增加。

水分管理条件是影响稻田 CH$_4$ 排放最重要的因素[16]。由于水稻在生长发育期间，各生育期稻田面水层深度不一致，稻田水分管理在很大程度上影响了 CH$_4$ 排放季节变化。土壤通气状况会在节水灌溉模式下得到极大改善，CH_4 氧化会在良好的水分条件中得到改善，部分 CH_4 的产生也会得到抑制，特别是水稻植株在控制灌溉环境中，会出现一定程度的水分胁迫，导致部分气孔被关闭，从而使植株体途径排放的 CH_4 排放通量降低[17]。本研究表明，长期淹灌模式下稻田的 CH_4 排放量明显高于其他处理。稻田处于长期淹水状态，土壤气体扩散被阻断，甲烷菌群数量增多，因此，有利于 CH_4 的产生和释放[18,19]。而控制灌溉和间歇性灌溉技术，使土壤有利于气体交换，提高 CH_4 的氧化速率，抑制产甲烷菌活性，减少了 CH_4 的产生和排放。土壤水分干湿交替变化抑制甲烷菌活性而降低 CH_4 排放量。在水稻分蘖期后，间歇灌溉模式条件的水层变浅，稻田通气性等到明显改善，破坏了甲烷菌群的厌氧生存条件遭到严重破坏，稻田 CH_4 的排放明显降低。

氮肥用量对稻田 CH_4 排放的影响，主要表现在水稻不同生长阶段作用不一样，且不同的灌水模式下，肥量水平高低产生的影响也不同。本试验结果表明，各处理稻田 CH_4 排放季节变化特征相似，平均排放量和累积排放量存在一定差异。在泡田期间，各处理 CH_4 平均排放量差异不显著（$P > 0.05$）。在其他生育阶段，不同灌水模式下，氮肥用量不同，各处理稻田 CH_4 平均排放通量和累积排放量虽然存在一定差异性，但尚不能确定氮肥施用量的变化对稻田 CH_4 排放量产生显著影响。一些稻田试验观测表明，施氮肥能降低稻田 CH_4 排放的 $10\% \sim 20\%$[20,21]，但本试验中并没有得到相似的结论。在水稻分蘖期，CH_4 产生的能力逐渐增强，此时水稻根系和植株组织逐渐发达，有利于 CH_4 的排放。

3.4.2　土壤因子对 CH_4 排放的影响

曾有研究表明土壤 pH 值与是影响稻田 CH_4 的排放的一个重要因子[22]。由于试验条件的不同，研究者们得出的土壤排放 CH_4 最适宜 pH 值范围不尽相同。秦晓波等[23]研究结果表明 pH 值在 $5 \sim 5.56$ 和 $6.2 \sim 6.8$ 两个范围之间时，晚稻 CH_4 排放通量和土壤 pH 值呈显著正相关。在本书研究中，除了淹灌状态下不施肥处理的 CH_4 排放通量与土壤 pH 值呈现显著相关，其他处理相关性不显著。

氮作为水稻生长不可缺少的养分，不仅促进水稻的生长，而且降低了植物残体和土壤中有机质的 C/N 比，加速了有机碳的分解，增加了土壤中可利用的碳源，会产生更多的产甲烷菌。已有研究表明，土壤无机态氮对稻田 CH_4 的排放产生重要影响[24,25]，无机态氮会抑制土壤中 CH_4 的氧化，增加稻田 CH_4 的排放，且 NH_4^+—N 的抑制作用强于 NO_3—N。本试验也得到了相似的结果。本研究中，有 9 个处理的 CH_4 排放通量与土壤 NH_4^+—N 含量具有显著或极显著相关性，其他 3 个处理没有相关性，与土壤硝态氮含量无显著相关关系。

3.4.3 环境因子对 CH_4 排放的影响

有学者研究发现，当氧化还原电位处于$-150\sim-160mV$以下时，会明显增强产甲烷菌的活性，增加土壤中 CH_4 的排放[26]。稻田由于长期淹水，土壤的氧化还原电位降低，继而成为影响稻田 CH_4 排放的关键因素。本研究也得出相似的结果，稻田 CH_4 排放通量与土壤氧化还原电位有极显著负相关关系（$R^2=0.8888$，$P<0.01$，$n=168$）。控制灌溉条件下，稻田无明显水层，因此氧化还原电位上升，甲烷菌活性下降，导致控灌模式下的稻田 CH_4 通量相对淹灌模式各处理有所减少。此外，在烤田期间各处理土壤 Eh 值均明显上升，使得 CH_4 排放量明显下降。

土壤温度也是影响稻田 CH_4 排放的重要环境因子。有研究表明，稻田 CH_4 排放的昼夜变化与土壤温度昼夜变化之间存在显著相关性[27]。大量的研究也表明[28-30]，CH_4 排放通量与温度有很好的正相关性。本研究结果表明，CH_4 排放通量与土壤 5cm 深温度呈极显著正相关（$R^2=0.305$，$P<0.001$，$n=168$）。本研究中测定的土壤 5cm 深温度范围在 $18\sim30℃$，该温度范围为产甲烷菌提供充足的底物[31]，提高了甲烷菌的活性和数量，从而促进了稻田 CH_4 的排放。

水层深度与 CH_4 排放通量之间的关系很难定量的描述。邹建文等[32]研究中，田面水层在 $0\sim10cm$ 范围内，稻田 CH_4 排放通量在水层深度 5cm 左右时排放通量较高，但水层深度与 CH_4 排放通量之间并未发现明显的相关性。本研究综合两年的稻田 CH_4 排放通量和水层深度数据进行相关分析得出，CH_4 排放通量与水层深度间的相关关系达到极显著水平（$R^2=0.1436$，$P<0.001$，$n=168$）。稻田长期处于淹水状态，稻田的 CH_4 排放通量明显增加。在水层交替变化频繁的阶段，稻田 CH_4 排放量也会明显增加。

3.4.4 水稻植株生长发育对 CH_4 排放的影响

水稻植株的生长发育对稻田 CH_4 排放也会具有一定的影响，水稻植株也是稻田 CH_4 的传输方式[33,34]。但在本实验中并未发现 CH_4 排放与水稻的生长发育存在明显的相关性，这与一些研究结果不同。虽然 CH_4 排放也会通过植株向大气中传输，但主要受气温及水分条件影响较大，因此诸多环境因子掩盖了植株传输的作用。

无论哪种水氮管理模式，CH_4 排放通量的峰值均出现在分蘖期、拔孕期和抽开期三个阶段，氮肥施用量的改变没有对 CH_4 排放通量产生显著性的影响。控制灌溉处理和间歇灌溉处理的 CH_4 排放通量变化幅度均小于淹灌模式。在水稻生育前期及后期 CH_4 排放通量很小，返青期及收获期后没有检测出 CH_4 排放通量。

在控制灌溉和间歇灌溉模式下，各处理的 CH_4 的累积排放量变化较小。淹灌模式下各处理的 CH_4 的累积排放量差异显著（$P < 0.05$），变化幅度在 $284.34 \sim 419.27 kg \cdot hm^{-2}$。相同肥力水平下，淹灌处理的 CH_4 的累积排放量均高于控制灌溉和间歇灌溉处理。

CH_4 季节累积排放量与土壤 pH 值之间相关性较小，除了淹灌状态下不施肥处理的 CH_4 排放通量与土壤 pH 值呈现显著相关，其他处理相关关系不显著。除了 C1N1、C1N3、C1N4 三个处理的 CH_4 排放通量与土壤硝态氮含量无显著相关关系外，其余 9 个处理的 CH_4 排放通量与土壤 NH_4^+—N 含量具有显著或极显著相关性。

稻田 CH_4 排放与环境因子关系密切。CH_4 排放受气象因素影响较强，日均温较高的时段也是 CH_4 排放最为集中的时段。CH_4 排放量与土壤 Eh 值呈极显著负相关关系，与深 5cm 的土壤温度及稻田水层深度均呈极显著相关关系。

参 考 文 献

［1］ 朱士江. 寒地稻作不同灌溉模式的节水及温室气体排放效应试验研究［D］. 哈尔滨：东北农业大学，2012.

［2］ 马秀枝，张秋良，李长生，等. 寒温带兴安落叶松林土壤温室气体通量的时间变异［J］. 应用生态学报，2012，23（8）：2149－2156.

［3］ 陈卫卫，王毅勇，赵志春，等. 三江平原春小麦农田生态系统氧化亚氮通量特征［J］. 应用生态学报，2007，18（12）：2777－2782.

［4］ 鲁如坤. 土壤农业化学分析方法［M］. 北京：中国农业科技出版社，1999.

［5］ 郭小伟，杜岩功，李以康，等. 高寒草甸植被层对于草地甲烷通量的影响［J］. 水土保持研究，2015，22（1）：146－151.

［6］ 章永松，柴如山. 中国主要农业源温室气体排放及减排对策［J］. 浙江大学学报（农业与生命科学版）. 2012，38（1）：97－107.

［7］ 蔡祖聪. 中国稻田土壤 CH_4 排放估计［M］. 北京：中国科技大学出版社，1995.

［8］ 陈宜瑜. 中国湿地研究［M］. 长春：吉林科学技术出版社，1995.

［9］ 成臣，曾勇军，杨秀霞，等. 不同耕作方式对稻田净增温潜势和温室气体强度的影响［J］. 环境科学学报，2015，35（6）：1887－1895.

［10］ 张军以，苏维词. 三峡库区农业发展现状及农田 CH_4 和 N_2O 排放与减排对策［J］. 土壤通报，2012，43（2）：501－505.

［11］ 陈宗良，邵可声，李德波，等. 控制稻田甲烷排放的农业管理措施研究［J］. 环境科学研究，1997，7（1）：1－10.

［12］ 易琼，逄玉万，杨少海，等. 施肥对稻田甲烷与氧化亚氮排放的影响［J］. 生态环境学报，2013，22（8）：1432－1437.

［13］ 李艳春，王义祥，王成己，等. 福建省农业源甲烷排放估算及其特征分析［J］. 生态环境学报，2013，22（6）：942－947.

［14］ 蔡延江，丁维新，项剑. 土壤 N_2O 和 NO 产生机制研究进展［J］. 土壤，2012，44（5）：712－718.

［15］ 廖千家骅，颜晓元. 施用高效氮肥对农田 N_2O 的减排效果及经济效益分析［J］. 中国环境科学，2010，30（12）：1695－1701.

［16］ 刘红江，郭智，郑建初，等. 不同栽培技术对稻季 CH_4 和 N_2O 排

放的影响 [J]. 生态环境学报，2015，24（6）：1022 - 1027.

[17]　李晶，王明星，王跃思，等. 农田生态系统温室气体排放研究进展 [J]. 大气科学，2003，27（4）：740 - 749.

[18]　Peng Shizhang，Yang Shihong，Xu Junzeng，et al. Field experiments on greenhouse gas emissions and nitrogen and phosphorus losses from rice paddy with efficient irrigation and drainage management [J]. Science China Technological Sciences，2011，54（6）：1581 - 1587.

[19]　殷欣，胡荣桂. 间歇灌溉对湖北省水稻温室气体减排的贡献 [J]. 农业工程，2015，5（5）：119 - 123.

[20]　陈佳广. 秸秆还田对北方稻田甲烷排放的影响研究 [J]. 农业科技与装备，2015，（6）：8 - 10.

[21]　Schustz H，Holzapfel P A，Conrad R，et al. A three - year continuous record on the influence of daytime，season，and fertilizer treatment on methane rates from a Italian rice paddy [J]. Journal of Geophysical Research，1989，94：16405 - 16416.

[22]　汤宏. 秸秆还田下稻田温室气体排放及其对水分管理的响应 [D]. 长沙：湖南农业大学，2013.

[23]　秦晓波，李玉娥，刘克樱，等. 不同施肥处理稻田甲烷和氧化亚氮排放特征 [J]. 农业工程学报，2006，22（7）：143 - 148.

[24]　Crill P. M.，Martikainen R J.，Nykanen H.，et al. Temperature and fertilization effects on methane oxidation in a drained peatland soil [J]. Soil Biology and Biochemistry，1994，26（10）：1331 - 1339.

[25]　Veldkamp E.，Weitz A. M.，Keller M. Management effects on methane fluxes in humid tropical pasture soils [J]. Soil Biology and Biochemistry，2001，33（11）：1493 - 1499.

[26]　孙园园，孙永健，杨志远，等. 模拟栽培条件的改变对稻田主要温室气体排放的影响 [J]. 干旱地区农业研究，2013，31（6）：21 - 27.

[27]　Yagi K.，Tsuruta H.，Minami K，et al. Methane emission from Japanese and Thai paddy fields [J]. Soil Science and Plant Nutrition，1994：41 - 53.

[28]　曹黎明，潘晓华，王新其，等. 崇明生态岛盐渍土稻田温室气体排放特征及温室效应评估 [J]. 上海农业学报，2015，31（4）：28 - 33.

[29]　Husin Y. A.，Murdiyarso D. Khalil M. A. K.，et al. Methane flux from Indonesian wetland rice：The effects of water management and rice variety [J]. Chemosphere，1995，31（4）：3153 - 3180.

[30] Zheng X. H. , Wang M. X. , Wang Y. S. , et al. Comparison of manual and automatic methods for measurement of methane emissfon from rice paddy fields [J]. Advances in Atmospheric Sciences，1998，15（4）：569－579.

[31] Xueming Tan, Shan Huang, Chao Xiong, et al. Studies on the influences of different planting patterns on the emissions of methane and nitrous oxide in the paddy field [J]. Agricultural Science & Technology，2015，16（5）：968－972.

[32] 邹建文，黄耀. 稻田 CO_2 、 CH_4 和 N_2O 排放及其影响因素 [J]. 环境科学学报，2003，23（6）：758－764.

[33] Singh J S, Gupta S R. Plant decomposition and soil respiration in terrestrial ecosystems [J]. Botanical Review，1997，43：449－528.

[34] 贾仲君，蔡祖聪. 水稻植株对稻田甲烷排放的影响 [J]. 应用生态学报，2003，14（11）：2049－2053.

第4章

不同水肥管理模式下寒地稻田 N_2O 排放效应研究

　　全球 N_2O 排放主要包括自然来源和人为来源两个方面。海洋、森林和草地土壤为自然来源的部分，人为来源主要为农业土壤、畜牧业、生物质燃烧和工业过程等几部分。大气 N_2O 主要来自于农业土壤，2005 年的研究发现，全球大气中 N_2O 总人为排放源的 60% 左右来源于农业土壤[1]。影响土壤 N_2O 排放的主要因素有环境因子和农业管理方式，例如土壤温度水分、氮肥的施用量、氮肥的种类（有机肥与化学氮肥）和类型（铵态氮肥与硝态氮肥，普通肥与长效缓释肥等）以及施用方法和水分管理等。

　　我国的气候类型多样，土壤和种植制度也复杂多样，需要分区研究和测定我国不同种植和轮作制度下的农田温室气体排放。目前，国内对稻田 N_2O 排放的研究较多[2-8]，但多集中在南方水稻产区，对寒地稻田 N_2O 排放的研究较少。黑龙江水稻种植面积达 $6000hm^2$，是全国最大的水稻种植区，也是中国北方重要的商品粮基地。稻田的节水灌溉模式，能有效改善稻田通透性和土壤含氧量，使水稻根系活力增强，提升对氮肥的吸收作用，从而减少 N_2O 排放。通过对寒地稻田 N_2O 的排放及主要影响因子进行研究，分析节水灌溉模式对寒地稻田 N_2O 的排放规律、氮肥利用率及产量的影响，探讨减缓黑龙江寒地稻田温室气体排放的节水灌溉模式。

4.1　水稻生长季内 N_2O 排放规律

4.1.1　不同水氮处理稻田 N_2O 排放季节变化特征

　　不同水氮处理稻田 N_2O 排放季节变化特征如图 4.1 所示。从水稻整个生育期来看，

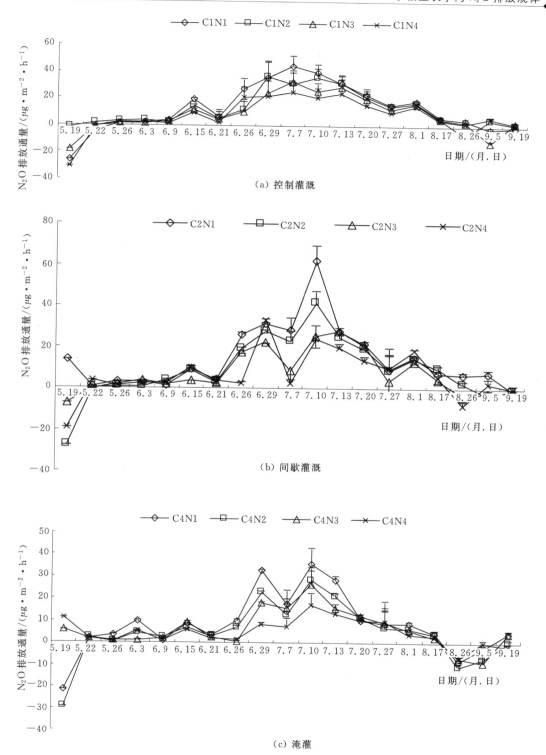

图 4.1 不同水氮处理稻田 N_2O 排放季节变化特征

不同灌溉模式下 N_2O 排放的高峰均出现在分蘖、晒田～拔节孕穗期两个阶段，而返青～分蘖初期及后期晒田阶段的排放量相对较低。在水稻生育阶段前期，各处理 N_2O 排放都处于较低水平，泡田期几乎无 N_2O 排放。穗肥施用后 N_2O 排放略有增加，出现了一个小的排放高峰。

控制灌溉条件下，不同施肥处理的稻田 N_2O 排放季节变化特征如图 4.1（a）所示。不同施肥水平处理的 N_2O 排放季节变化特征相似，全生育期有三个排放高峰。第一次排放高峰出现在晒田期，在分蘖期出现全生育期最高峰，灌浆期又出现一次短暂的排放小高峰，之后下降至生育期结束。

高肥水平处理的 N_2O 排放在晒田末期开始激增，达到最大峰值 $19.2\mu g \cdot m^2 \cdot h$。之后迅速下降，在抽开期 N_2O 排放量开始再次回升，并达到第二个排放高峰。正常施肥条件处理，N_2O 排放量从分蘖期开始缓慢上升，晒田期出现短暂回落，并在 6 月 29 日出现峰值 $36.46\mu g \cdot m^{-2} \cdot h^{-1}$，较其他三个处理提前。低肥处理及不施肥处理的 N_2O 排放量处于相对较低水平，季节变化特征相似，从分蘖盛期开始出现缓慢上升，之后在晒田末期达到峰值，之后排放逐渐减少。

图 4.1（b）表明，间歇灌溉条件下，肥量较高时，稻田 N_2O 排放也处于较高水平。低肥水平和不施肥条件下，稻田 N_2O 排放显著降低。正常施肥条件处理 N_2O 排放从晒田末期开始迅速增加，并达到峰值 $22.39\mu g \cdot m^{-2} \cdot h^{-1}$，之后下降，在 7 月 13 日出现全生育期最高值 $27.81\mu g \cdot m^{-2} \cdot h^{-1}$。高肥条件处理出现了三次排放的高峰，一次出现在分蘖中期，晒田期出现回落，之后又显著上升，出现第二次峰值 $62.13\mu g \cdot m^{-2} \cdot h^{-1}$，为各处理最高值，在灌浆期出现第三次排放的小高峰。

由图 4.1（c）可知，在长期淹灌条件下，各个处理的季节变化趋势较为相似，均在晒田后的复水期及拔孕期出现 N_2O 排放的峰值。低肥处理的稻田 N_2O 排放量从拔孕期开始一直处于较稳定的排放水平。正常施肥和不施肥处理稻田 N_2O 排放量季节变化较小，从晒田期开始出现小幅上升，并一直持续至抽开期。高施肥量条件下，在拔孕期出现排放高峰，为各处理最高值，为 $35.59\mu g \cdot m^{-2} \cdot h^{-1}$。

从分蘖期开始，无论哪种水肥条件稻田的 N_2O 排放均有小幅上升，并在晒田之后的复水期又迅速上升至最高峰。晒田期稻田的干湿交替改善了土壤的通气性，增加土壤的有效氧，促进了 N_2O 的形成与产生。

4.1.2　不同水氮处理 N_2O 排放平均通量和累积排放量

不同水氮处理 N_2O 排放平均通量和季节累积排放量的观测结果见表 4.1。

控制灌溉条件下，高肥处理的 N_2O 排放通量变化幅度最大（$-25.9 \sim 44.2\mu g \cdot m^{-2} \cdot h^{-1}$），低肥处理的 N_2O 排放通量变化幅度最小（$-18.2 \sim 32.8\mu g \cdot m^{-2} \cdot h^{-1}$）。

表 4.1 **不同水氮处理 N_2O 排放平均通量和季节累积排放量**

灌溉模式	处理	生长周期 /d	N_2O 排放通量/($\mu g \cdot m^{-2} \cdot h^{-1}$)		季节累积 排放量 /($kg \cdot hm^{-2}$)
			通量变化范围	平均值	
控制灌溉	C1N1	124	$-25.9 \sim 44.2$	$12.4 \pm 0.4a$	0.37
	C1N2	124	$-6.68 \sim 36.5$	$11.7 \pm 2.3a$	0.35
	C1N3	124	$-18.2 \sim 32.8$	$8.5 \pm 1.4b$	0.25
	C1N4（CK）	124	$-30.7 \sim 34.8$	$7.6 \pm 0.6b$	0.23
间歇灌溉	C2N1	124	$-1.2 \sim 42.1$	$13.8 \pm 2.1a$	0.41
	C2N2	124	$-27.6 \sim 27.5$	$8.7 \pm 0.38b$	0.26
	C2N3	124	$-7.5 \sim 27.8$	$7.2 \pm 0.57b$	0.21
	C2N4（CK）	124	$-1.9 \sim 33.1$	$6.4 \pm 0.29c$	0.19
淹灌	C3N1	124	$-21.3 \sim 35.6$	$8.0 \pm 1.2a$	0.24
	C3N2	124	$-29.4 \sim 28.7$	$4.8 \pm 2.1b$	0.14
	C3N3	124	$-8.6 \sim 26.5$	$6.0 \pm 1.3c$	0.18
	C3N4（CK）	124	$-6.9 \sim 17.2$	$4.8 \pm 0.6c$	0.14

与对照 C1N4 相对，C1N1 和 C1N2 处理的 N_2O 排放通量均值达到了显著性差异（$P < 0.05$）。

间歇灌溉模式下，高肥处理的 N_2O 排放通量出现最高值 $42.1\mu g \cdot m^{-2} \cdot h^{-1}$。处理高肥处理的 N_2O 通量均值与对照相比达到了显著性差异（$P < 0.05$），中肥与低肥处理与对照之间没有显著性差异（$P > 0.05$）。淹灌模式下，高肥处理（C3N1）的 N_2O 排放通量变化幅度最大（$-21.3 \sim 35.6\mu g \cdot m^{-2} \cdot h^{-1}$），除低肥处理 C3N3 外，其他两个处理 C3N1 及 C3N2 均与对照 C3N4 达到显著性差异（$P < 0.05$）。不论施肥方式如何，间歇灌溉模式增加了稻田 N_2O 的排放。

各处理间 N_2O 季节累积排放量与平均排放通量表现出相似的差异性。控制灌溉与间歇模式下各处理的 N_2O 季节累积排放量明显高于淹灌模式下各处理。控制灌溉模式下，各处理的 N_2O 的累积排放量变化较小，变化幅度在 $0.23 \sim 0.37 kg \cdot hm^{-2}$。间歇灌溉模式下各处理的 N_2O 的累积排放量差异较大，变化幅度在 $0.19 \sim 0.41 kg \cdot hm^{-2}$。相同肥力水平下，间歇灌溉模式处理的 N_2O 的累积排放量均高于控制灌溉和淹灌处理。C2N1 处理的全生育期 N_2O 累积排放量最大，为 $0.41kg \cdot hm^{-2}$，C3N2 和 C3N4 处理的全生育期 N_2O 累积排放量最小，为 $0.14kg \cdot hm^{-2}$。

N_2O 排放平均通量和累积排放量的方差分析见表 4.2。水分管理对水稻生长季节 N_2O 排放平均通量和季节累积排放量影响极显著（$P < 0.01$）。氮肥用量对水稻生长季节 N_2O 排放平均通量和季节累积排放量也产生了极显著影响（$P < 0.01$）。双因素方差分析结果表明，水分管理和氮肥用量两因素对水稻生长季节 N_2O 排放平均通量和季节累积排放量均具有交互作用。

表 4.2　　　　　　　　　N_2O 排放平均通量和累积排放量的方差分析

方差分析结果	N_2O 排放通量的均值	N_2O 季节累积排放量
水分管理 W	＊＊	＊＊
氮肥用量 N	＊＊	＊＊
水分管理×氮肥用量（W×N）	＊＊	＊＊

注　＊＊意义同前。

4.1.3　水稻不同生育期 N_2O 排放量

水稻不同生育期各处理 N_2O 排放量如图 4.2 所示。总体分析，各处理 CH_4 排放量主要集中在晒田期、拔孕期、抽开期和灌浆期四个阶段，在分蘖期排放较少，在泡田期和黄熟期出现负值，表现为土壤吸收 N_2O。

由图 4.2（a）可知，在控制灌溉模式下，各处理 N_2O 的排放主要集中在分蘖期至灌浆期。其中晒田期和拔孕期两个阶段的 N_2O 的排放较高，各处理分别占各自全生长季 N_2O 排放量的 61.6％、58.1％、65.3％ 和 60.1％。在晒田期 C1N1 处理的 N_2O 的排放量为 $19.2g \cdot hm^{-2}$，为全生育期最高。C1N4 处理的 N_2O 的排放量在分蘖至灌浆期间相差不大，最大排放阶段出现在晒田期，为 $11.9g \cdot hm^{-2}$。晒田及拔孕阶段频繁的水层交替，促使土壤排放 N_2O 较多。

由图 4.2（b）可知，在间歇灌溉模式下，各处理的 N_2O 排放量均在拔孕期达到高峰，同样是晒田之后的复水期导致该阶段土壤 N_2O 排放量明显上升。C2N1 和 C2N2 处理在抽开期和灌浆期差别不大，之后在黄熟期迅速下降。而 C2N3 和 C2N4 处理的 N_2O 排放从拔孕期后开始下降，直至生育期结束。泡田期间除 C2N1 处理外，其他三个处理 N_2O 累积排放均呈现负值，分别为 $-6.49g \cdot hm^{-2}$、$-1.42g \cdot hm^{-2}$ 和 $-3.44g \cdot hm^{-2}$，土壤明显吸收 N_2O。

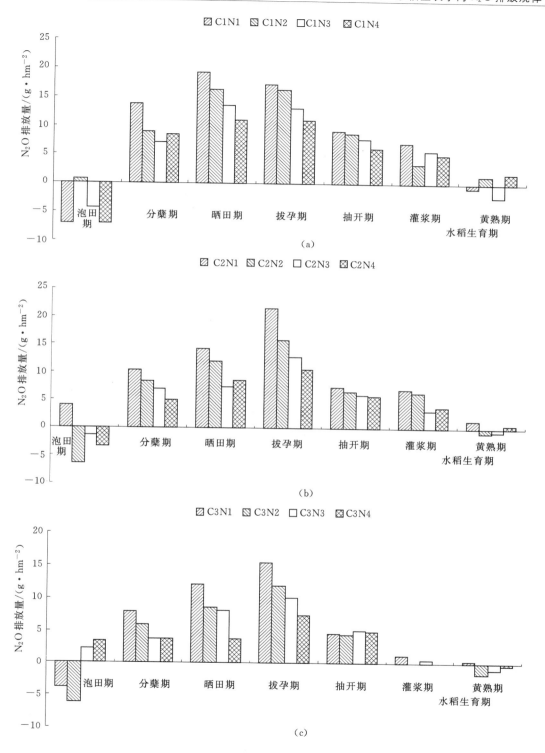

图 4.2 水稻不同生育期各处理 N_2O 排放量

图 4.2（c）表明，在淹灌模式下，各处理 N_2O 排放从分蘖期开始上升，在拔孕期出现峰值，之后缓慢下降，直至生育期结束。高肥处理 C3N1 出现最高值 15.43g·hm^{-2}。在抽开期各处理 N_2O 排放量差别不大，可能是由于此时降水量较少，各处理的水层主要靠人为控制，水层变化状态较为相似，使土壤中 N_2O 向大气中输送的量没有显现出比较大的差异。

4.2　稻田环境因子与 N_2O 排放通量的关系

氮肥施入土壤后，在氮素转化菌的作用下，土壤中的氮素会通过氨化作用、硝化作用和反硝化作用等过程发生一系列的转变，在形态变化的过程中，也形成了如 N_2O 的气态形式而进入大气。在稻田土壤中，氮素形态的改变受作物生长和环境因子的显著影响，例如耕作方式、氮肥的施用量、灌溉模式以及土壤因子等。

4.2.1　气象因子对稻田 N_2O 排放的影响

无论哪种水肥模式，N_2O 排放通量主要集中在晒田—拔孕期及灌浆期两个阶段，此时温度日变化较小，日平均气温较高，田面水层变化比较频繁，土壤水热状况适宜，通气性增强，使 N_2O 排放量加大。

温度是影响稻田 N_2O 排放的重要环境因素。有研究表明，硝化微生物活动的适宜温度范围是 15～35℃，在适宜的土壤湿度范围内，67％的 N_2O 排放量集中在 15～25℃范围内。水稻生长季节的温度已满足硝化和反硝化作用进行所需的温度条件。本试验采样时的温度在 21～26℃之间，适宜硝化作用进行。

4.2.2　稻田土壤因子与 N_2O 通量的相关性

各处理 N_2O 排放通量与土壤因子的相关关系见表 4.3。不同水肥处理的稻田 N_2O 排放通量通量与土壤 NH_4^+—N 含量、NO_3^-—N 含量之间没有发现明显的相关性。C1N2 处理的 N_2O 排放通量与土壤 pH 值呈现显著负相关；C3N1 处理的 N_2O 排放通量与土壤 pH 值显著正相关；其他处理均无相关性。复杂的水分管理条件及不同的施肥量处理，使得各处理土壤中氮素的形态复杂多变，土壤中无机态氮含量与稻田 N_2O 排放通量之间没有变现出显著相关关系，这与一些研究结果[9-11]没有得出相似的结论。

表 4.3 各处理 N_2O 排放通量与土壤因子的相关关系

处理	土壤因子					
	$NH_4^+—N$		$NO_3^-—N$		pH 值	
	Pearson 系数	P 值	Pearson 系数	P 值	Pearson 系数	P 值
C1N1	0.267	0.562	−0.437	0.327	−0.527	0.224
C1N2	0.563	0.188	0.470	0.288	−0.861*	0.013
C1N3	0.417	0.352	0.449	0.312	0.006	0.990
C1N4	0.516	0.235	−0.001	0.998	0.049	0.917
C2N1	−0.511	0.241	−0.133	0.776	0.112	0.811
C2N2	−0.440	0.382	0.197	0.709	−0.051	0.924
C2N3	0.272	0.555	−0.145	0.756	−0.120	0.798
C2N4	−0.328	0.473	0.681	0.092	0.072	0.879
C3N1	0.076	0.871	−0.034	0.942	0.797*	0.032
C3N2	−0.264	0.567	0.210	0.652	0.356	0.433
C3N3	−0.146	0.755	0.270	0.558	0.637	0.124
C3N4	0.700	0.080	0.009	0.985	0.482	0.273

4.2.3 N_2O 排放通量与土壤氧化还原电位（Eh 值）的关系

稻田 N_2O 排放通量与土壤氧化还原电位（Eh 值）的相关关系如图 4.3 所示。本研究将两年水稻各个生育阶段的 N_2O 排放通量与土壤氧化还原电位 Eh 值数据进行相关分析，结果表明 N_2O 排放通量与土壤氧化还原电位有极显著负相关关系（$R^2=0.326$，$P<0.01$，$n=168$）。随着土壤氧化还原电位的降低，N_2O 排放通量显著增加。

4.2.4 N_2O 排放通量与土壤 5cm 深度温度的关系

不同的水肥条件，会使稻田土壤的水、肥、气、热状况均发生变化，从而对土壤

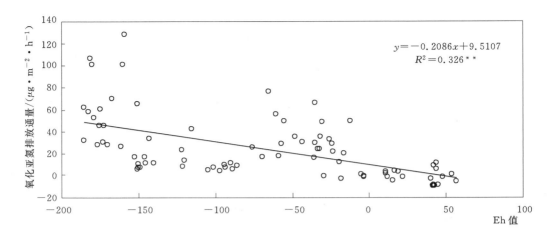

图 4.3　N_2O 排放通量与土壤氧化还原电位（Eh 值）的相关关系

氮素形态的转化产生影响，而土壤温度也影响着稻田土壤的硝化及反硝化作用，从而影响土壤中 N_2O 的产生与排放。

N_2O 排放通量与土壤 5cm 深温度的关系如图 4.4 所示。相关分析表明，土壤温度对稻田 N_2O 的排放产生较大影响，稻田 N_2O 通量与土壤 5cm 深温度的关系呈极显著正相关（$R^2 = 0.372$，$P < 0.001$，$n = 168$）。稻田 N_2O 的产生与土壤中微生物活性关系密切，而土壤温度的提升有助于提高土壤中微生物的活性，从而使硝化细菌的活性增强，使得 N_2O 排放通量增大。图中过大或过小的异常点群，可能受其他因素影响，例如在水稻晒田或之后的复水期，水层频繁交替，会使稻田 N_2O 排放明显增强。

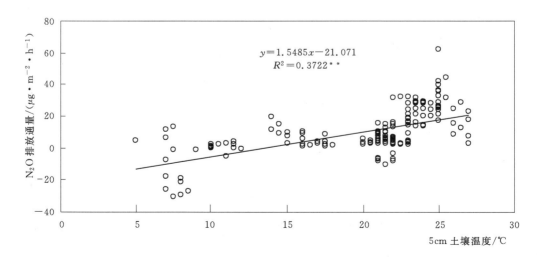

图 4.4　N_2O 排放通量与土壤 5cm 深温度的关系

4.2.5　N_2O 排放通量与水层深度的关系

本研究综合两年的稻田 N_2O 排放通量和水层深度数据进行相关分析，如图 4.5 所示。相关分析表明 N_2O 排放通量与水层深度间的相关关系未达到显著性水平（R^2 = 0.0002，$P < 0.001$，$n = 168$）。虽然稻田土壤的水分状况是 N_2O 排放变化的主要影响因素，但水层的变化与 N_2O 排放通量之间相关度很低，很难发现两者之间存在明显的规律。田面水层深度决定着土壤的通气状况，而土壤的通气状况也影响着土壤中微生物的硝化和反硝化反应，从而使得 N_2O 的排放变得更为复杂，诸多因素的影响，掩盖了水分因素对 N_2O 排放通量的影响。

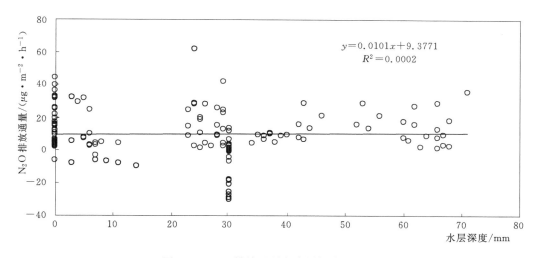

图 4.5　N_2O 排放通量与水层深度的关系

4.3　小结

4.3.1　水肥因子对稻田 N_2O 排放的影响

稻田 N_2O 是土壤微生物硝化与反硝化过程的中间产物。不同的灌溉模式能够形成不同的稻田土壤水分状况，而水分状况是影响土壤硝化与反硝化过程的最重要因素之一。稻田复杂的土壤水分变化状况影响到土壤氧化还原电位、微生物活性，从而进一步影响氮在稻田土壤中的动态变化。有研究表明稻田土壤 N_2O 排放主要集中在水分变化剧烈的干湿交替阶段，稻田落干和烤田期 N_2O 排放量显著增加[9]，与本研究基本一致。不同灌溉模式下，稻田 N_2O 排放量均在烤田后的复水期开始上升，并在之后达到峰值。在此期间 N_2O 排放量占水稻生长期 N_2O 排放总量的 $54\% \sim 59\%$。

间歇灌溉模式下的 N_2O 排放量最高，剧烈的水分变化，增加土壤通透性，为土壤提供大量的 O_2，有利于硝化反硝化反应同时进行，促进 N_2O 产生，同时田面的水层落干，也使得稻田 N_2O 更有利于向大气中排放；淹灌模式下的 N_2O 排放量低于间歇灌溉处理，淹水使土壤处于极端还原状态，使生成的 N_2O 进一步还原为 N_2，抑制了 N_2O 的产生及排放。

而控制灌溉条件下田面无明显水层，但土壤含水量仍处于较高水平，在降水量较为频繁时期，土壤仍会处于还原状态，反硝化速率随着厌氧环境的增强而逐渐加快，并与硝化作用同时存在，此时产生较多的 N_2O，并且能顺利排入大气环境中；随着土壤含水量的减少，土壤供氧充足，硝化作用增强，使得稻田 N_2O 的产生与排放减弱。

各处理在水稻泡田之前以及黄熟期后 N_2O 排放量非常微小，甚至出现负值，这和很多试验的观测结果较为一致。有研究认为[2,12] N_2O 排放通量出现负值一般发生在以下两种情况：一是微生物会在土壤处于强还原环境时将吸收的 N_2O 反硝化还原成 N_2；二是有机质含量较高的土壤处于干燥状态时，土壤基质中的黏土矿物可能吸附部分 N_2O。本研究中水稻收获后，土壤处于较为干燥的状态，土壤有机物含量较高，吸附了较多的 N_2O，造成了 N_2O 排放通量为负值。

无论何种灌溉模式下，相对于正常施肥处理，肥力高的处理 N_2O 排放通量均呈现较高水平，季节变化也相对剧烈。而低肥处理及不施肥处理的 N_2O 排放通量相对较低。在分蘖期 N_2O 排放通量的激增，是分蘖肥施用的结果。本研究中在分蘖肥与穗肥施用后第三天监测稻田 N_2O 的排放，发现 N_2O 的排放后会出现一个较为明显的高峰。氮肥用量的增加与后期施用，提高了土壤的供氮能力，使得土壤中氮的硝化与反硝化作用同时增强，从而促进了稻田 N_2O 的产生，在水层深度较浅时，就会促使 N_2O 的排放。

4.3.2　土壤因子对稻田 N_2O 排放的影响

本研究中，各处理的稻田 N_2O 排放通量与土壤 pH 值的相关关系不显著。通过两年的试验测定，试验站土壤的 pH 值在 $6.09 \sim 6.74$ 之间，变化幅度较小，同时由于气候、水分和土壤养分含量及其他环境条件的差异，使得土壤 pH 值对 N_2O 的影响程度没有表现出规律性特征。这与许多前人的研究结果有所不同。有研究发现当土壤 pH 值介于 $7 \sim 8$ 时最适宜反硝化作用菌的存在；而对于硝化作用，当土壤 pH 值在 $3.4 \sim 6.8$ 时，N_2O 排放通量与土壤 pH 值呈正相关关系。欧阳学军等[13]的研究指出，温室气体排放也会受到土壤酸化较大影响，随土壤酸化累积程度增加的，土壤的 N_2O 排放量显著提升。但这些发现多集中在旱作农田土壤中，稻田中并未发现显著性影响。

土壤中 NH_4^+—N 和 NO_3^-—N 是作物能直接吸收利用的速效氮素营养，不仅能反映土壤的氮素供应状况，同时也是土壤微生物硝化作用和反硝化作用的重要底物。有研究表明，土壤中无机态氮的含量在一定程度上影响着稻田 N_2O 的产生和排放，但在本研究中并未发现相似规律[14,15]。不同的水肥条件下，土壤无机态含量的变化复杂，在其他环境条件的共同影响下，掩盖了无机氮含量对稻田 N_2O 的影响，因此未发现稻田 N_2O 的产生与释放同无机氮之间存在相关关系。

4.3.3 环境因子对稻田 N_2O 排放的影响

土壤 N_2O 来自于微生物的硝化作用和反硝化作用，主要土壤质地、孔隙度、含水量、温度、有机碳引起的微生物活性和氮素有效性等多种因子的影响[16]。有些观点认为，在供氧充足的环境中才适宜硝化作用，而反硝化作用需要一个非常严格的厌氧环境[17]。

以往的大量研究都将土壤 Eh 值、土壤温度和土壤水分含量等作为 N_2O 通量产生的关键性因子[18-20]，但所得到的结论仍存在很大的差异性。由于土壤微生物的活性受多种环境因子综合影响，因此研究结果的不确定性还有待进一步验证。

本研究中，水稻生长季 N_2O 的排放通量与 5cm 土壤温度呈显著正相关关系（图4.4）。土壤温度的升高，会促进稻田 N_2O 的排放，这也与一些研究结论[21,22]相似。土壤温度升高，硝化细菌和反硝化细菌的活性都会增强，影响 N_2O 的产生。同时，土壤温度还影响着 N_2O 在土壤中的扩散与传输过程。有研究认为，土壤温度在 15～25℃ 范围内是最适合土壤硝化作用的环境，而反硝化作用对温度的适应范围较广，通常为 5～75℃[23]。本研究中的样品采集时的土壤温度范围在 8～27℃，已满足微生物硝化与反硝化的温度条件。

本研究中，稻田的水肥管理与 N_2O 排放通量之间没有显著的相关性，虽然稻田土壤的水分状况是 N_2O 排放变化的主要影响因素，但试验中没有发现两者之间存在明显的规律。田面水层深度决定着土壤的通气状况，而土壤的通气状况也影响着土壤中微生物的硝化和反硝化反应。有研究表明硝化作用对北方旱地土壤 N_2O 排放具有重要的贡献[20,24]。但在稻田系统中，土壤 N_2O 的产生不仅受土壤的通气状况影响，而且水层的管理也影响着土壤 N_2O 向大气中的传输过程，状态及过程复杂，诸多因素掩盖了水分因素对 N_2O 排放通量的影响。

从水稻整个生育期来看，N_2O 排放的高峰均出现在分蘖期、晒田—拔孕期两个阶段，而返青—分蘖初期及后期晒田阶段的排放量相对较低。在水稻生育阶段前期，各处理 N_2O 排放都处于较低水平，泡田期几乎无 N_2O 排放。穗肥施用后 N_2O 排放略有增加，出现了一个小的排放高峰。从分蘖期开始，N_2O 排放均有小幅上升，并在晒田之后的复水期又迅速上升至最高峰。

各处理间 N_2O 季节累积排放量与平均排放通量表现出相似的差异性。控制灌溉与间歇模式下各处理的 N_2O 季节累积排放量明显高于淹灌模式下各处理。C2N1 处理的全生育期 N_2O 累积排放量最大（$0.41kg \cdot hm^{-2}$），C3N2 和 C3N4 处理的全生育期 N_2O 累积排放量最小（$0.14kg \cdot hm^{-2}$）。不论采取何种施肥方式，间歇灌溉模式增加了稻田 N_2O 的排放。水分管理及氮肥用量分别对水稻生长季节 N_2O 平均排放通量和季节累积排放量影响极显著（$P < 0.01$），两者具有交互作用[25]。

温度是影响稻 N_2O 排放的重要环境因素，气温升高，N_2O 排放呈上升趋势。不同水肥处理的稻田 N_2O 排放通量与土壤 NH_4^+—N 含量、NH_4^+—N 含量之间没有发现明显的相关性。C1N2 处理的 N_2O 通量与土壤 pH 值呈现显著负相关，C3N1 处理的 N_2O 通量与土壤 pH 值显著正相关，其他处理均无相关性。N_2O 排放与土壤 Eh 呈极显著负相关关系，与 5cm 深土壤温度呈极显著相关关系，与水层深度间的相关关系未达到显著性水平。

参 考 文 献

［1］ IPCC，Climate Change 2001 - Synthesis Report：Third Assessment Report of the Intergovernmental Panel on Climate Change ［R］. Cambridge University Press，2001.

［2］ 叶丹丹，谢立勇，郭李萍，等. 华北平原典型农田 CO_2 和 N_2O 排放通量及其与土壤养分动态和施肥的关系 ［J］. 中国土壤与肥料，2011（3），15 - 20.

［3］ 康新立，华银锋，田光明，等. 土壤水分管理对甲烷和氧化亚氮排放的影响 ［J］. 中国环境管理干部学院学报，2013，23（2）：43 - 46.

［4］ 李露，周自强，潘晓健，等. 不同时期施用生物炭对稻田 N_2O 和 CH_4 排放的影响 ［J］. 土壤学报，2015，52（4）：839 - 848.

［5］ 袁伟玲，曹凑贵，程建平，等. 间歇灌溉模式下稻 CH_4 和 N_2O 排放及温室效应评估 ［J］. 中国农业科学，2008，41（12）：4294 - 4300.

［6］ 杨建昌，王志琴，朱庆森. 不同土壤水分状况下氮素营养对水稻产量的影响及其生理机制的研究 ［J］. 中国农业科学，1996，28（4）：58 - 65.

［7］ 李香兰，徐华，蔡祖聪，等. 稻田 CH_4 和 N_2O 排放消长关系及其减排措施 ［J］. 农业环境科学学报，2008，27（6）：2123 - 2130.

［8］ 蒋静艳，黄耀，宗良纲. 环境因素和作物生长对稻田 CH_4 和 N_2O 排放的影响 ［J］. 农业环境科学学报，2003，22（6）：711 - 714.

［9］ 石生伟，李玉娥，李明德，等. 不同施肥处理下双季稻田 CH_4 和 N_2O 排放的全年观测研究 ［J］. 大气科学，2011，35（4）：707 - 720.

［10］ 陈星，李亚娟，刘丽，等. 灌溉模式和供氮水平对水稻氮素利用效率的影响 ［J］. 植物营养与肥料学报，2012，18（2）：283 - 290.

［11］ 叶世超，林忠成，戴其根，等. 施氮量对稻季氨挥发特点与氮素利用的影响 ［J］. 中国水稻科学，2011，25（1）：71 - 78.

［12］ 董玉红，欧阳竹，李运生，等. 肥料施用及环境因子对农田土壤 CO_2 和 N_2O 排放的影响 ［J］. 农业环境科学学报，2005，24（5）：913 - 918.

［13］ 欧阳学军，周国逸，黄忠良，等. 土壤酸化对温室气体排放影响的培育实验研究 ［J］. 中国环境科学，2005，25（4）：465 - 470.

［14］ 孙志高，刘景双，杨继松，等. 三江平原典型小叶章湿地土壤硝化—

反硝化作用与氧化亚氮排放 [J]. 应用生态学报，2007，18（1）：185 - 192.

[15]　Andreae MO，Schimel DS，eds. Exchange of Trace Gases between Terrestrial Ecosystems and the Atmosphere [J]. Chi - chester：Wiley，1989：7 - 21.

[16]　Smith P，Martino P，Cai Z，et al. Greenhouse gas mitigation in agriculture [J]. Philosophical transactions of the Royal Society of London. Biological Sciences，2008，363（1492）：789 - 813.

[17]　王薇，蔡祖聪，钟文辉. 好氧反硝化菌的研究进展 [J]. 应用生态学报，2007，18（11）：2618 - 2625.

[18]　王欣欣，邹平，符建荣，等. 不同竹炭施用量对稻田甲烷和氧化亚氮排放的影响 [J]. 农业环境科学学报，2014，33（1）：198 - 204.

[19]　秦晓波，李玉娥，石生伟，等. 稻田温室气体排放与土壤微生物菌群的多元回归分析 [J]. 生态学报，2012，32（6）：1811 - 1819.

[20]　肖冬梅，王淼，姬兰柱，等. 长白山阔叶红松林土壤氮化亚氮和甲烷的通量研究 [J]. 应用生态学报，2004，15（10）：1855 - 1859.

[21]　徐慧，陈冠雄，马成新. 长白山北坡不同土壤 N_2O 和 CH_4 排放的初步研究 [J]. 应用生态学报，1995，6（4）：373 - 377.

[22]　刘树伟，张令，高洁. 不同育秧方式对水稻苗床 N_2O 排放的影响 [J]. 中国科技论文，2012，7（3）：236 - 240.

[23]　Farquharson R，Baldock J. Concepts in modeling N_2O emission from land use [J]. Plant and Soil，2008（309）：147 - 67.

[24]　Zhang Zichang，Liu Lijun，Wang Zhiqin，et al. Effect of direct - seeding with non - flooding and wheat residue returning patterns on greenhouse gas emission from rice paddy [J]. Agricultural Science & Technology，2015，16（1）：16 - 21.

[25]　王孟雪，张忠学. 适宜节水灌溉模式抑制寒地稻田 N_2O 排放增加水稻产量 [J]. 农业工程学报，2015，31（15）：72 - 79.

第 5 章

不同水肥管理模式下寒地稻田 CO_2 排放效应研究

气候变化的主要原因是由于人类活动向大气中排放过量的 CO_2、CH_4 和 N_2O 等温室气体而引起的。而在这三种主要的温室气体中，CO_2 是最重要的温室气体。1970—2004 年，CO_2 从原来的 210 亿 t 增加到 380 亿 t，年排放量大约增加了 80%[1]。在全球陆地生态系统中，人类活动与森林、草地等自然生态系统相比，更加强烈地影响农业土壤碳库[2]。而农田土壤 CO_2 排放，也是土壤呼吸作用的直接结果。土壤呼吸作用是土壤中的有机碳以 CO_2 的形式从土壤中向大气传输的一条重要途径。

土壤呼吸是一种复杂的生物学过程，受到多种因素的影响。不仅受到土壤温度、土壤含水量、降水、土壤有机质和氮素含量等非生物因子的影响，也会受到植物光合作用、植被类型、呼吸作用和根系特性等生物因子的综合影响。因此，研究农田 CO_2 的排放过程，也是研究土壤呼吸作用的过程。

通过试验研究分析稻田 CO_2 的排放及其影响因素，可以为正确地估算与评价农田生态系统温室气体的源/汇强度提供参考，有助于为寒地稻作温室气体减排提供理论依据。

5.1 水稻生长季内 CO_2 排放规律

水稻生长季内 CO_2 的采集采用人工静态箱法定位观测，具体方法详见本书第 2.3.4 节。本研究中的 CO_2 排放通量为扣箱期间暗箱内水稻—土壤系统的总呼吸，既包括土壤呼吸的 CO_2，也包括水稻在暗箱内呼吸的 CO_2。

5.1.1 不同水氮处理稻田 CO_2 排放季节变化特征

不同水氮条件下各处理的 CO_2 排放季节变化如图 5.1 所示。不同水肥处理的水稻

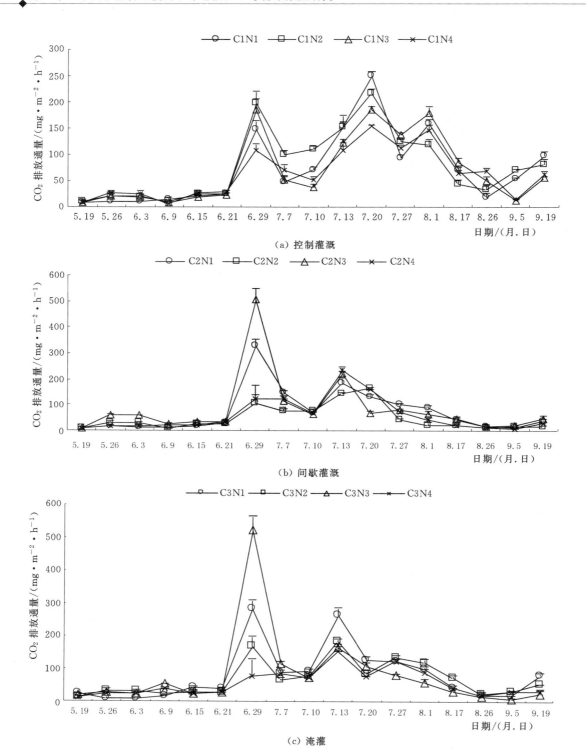

（a）控制灌溉

（b）间歇灌溉

（c）淹灌

图 5.1　不同水氮处理下稻田 CO_2 排放季节变化特征

CO_2 排放通量全生育期内规律相似，均在分蘖期与拔节孕穗期出现排放高峰，而在其他生育阶段排放较小，但在水稻收获期有小幅上升。水稻整个生育期内 CO_2 排放通量波动较大，变化幅度为 $8.68\sim522.29\text{mg}\cdot\text{m}^{-2}\cdot\text{h}^{-1}$。

由图 5.1（a）可以看出，在控制灌溉条件下，不同施肥处理的 CO_2 排放通量季节性变化较大，出现三次排放高峰，但不同施肥量之间并没有发现规律性特征。水稻移栽后，各处理的 CO_2 排放通量逐渐增大，到移栽 39d（6 月 29 日）时，达到峰值。随后减小，到 7 月 20 日达到第二次峰值，在 8 月 1 日达到第三次峰值。之后随着水稻的生长，各处理 CO_2 排放通量逐渐减小，但在收获期又出现小幅上升。

由图 5.1（b）可以看出，在间歇灌溉条件下，不同施肥处理的 CO_2 排放通量季节性变化规律相似，出现两次 CO_2 排放高峰。其中：第一次排放的高峰出现在 6 月 29 日，水稻移栽后，各处理的 CO_2 排放通量波动很小，只有低肥处理的 CO_2 排放量出现小幅波动；第二次在移栽 30d 后，各处理 CO_2 排放通量大幅度上升，其中高肥和低肥处理的 CO_2 排放通量分别达到 $506.72\text{mg}\cdot\text{m}^{-2}\cdot\text{h}^{-1}$ 和 $327.85\text{mg}\cdot\text{m}^{-2}\cdot\text{h}^{-1}$，达到全生育期高峰。而中等施肥处理和零施肥量处理的 CO_2 排放在 7 月 13 日达到全生育期高峰。之后各处理 CO_2 排放通量逐渐减小，收获期虽有所上升，但上升幅度很小。

如图 5.1（c）所示，淹灌条件下，各处理的 CO_2 排放通量在水稻移栽 30d 后出现较大波动，之前变化幅度很小。第一次排放高峰出现在 6 月 29 日，第二次排放高峰出现在 7 月 13 日。之后各处理缓慢下降，至收获期排放有所回升。高肥处理在第一次排放高峰时达到全生育期高峰，同时也是所有处理中的最高值，达到 $522.99\text{mg}\cdot\text{m}^{-2}\cdot\text{h}^{-1}$。

5.1.2 不同水氮处理 CO_2 排放的平均通量和累积排放量

不同水氮处理 CO_2 排放的平均通量和季节累积排放量的观测结果见表 5.1。由表 5.1 可以看出：首先为控制灌溉处理，CO_2 平均排放通量变化幅度最小，为 $8.68\sim249.13\text{mg}\cdot\text{m}^{-2}\cdot\text{h}^{-1}$；其次为间歇灌溉处理，变化幅度为 $8.78\sim327.85\text{mg}\cdot\text{m}^{-2}\cdot\text{h}^{-1}$；然后为淹灌处理，$CO_2$ 平均排放通量变化幅度最大，为 $8.40\sim522.90\text{mg}\cdot\text{m}^{-2}\cdot\text{h}^{-1}$。

控制灌溉模式下，各处理 CO_2 排放通量均值变化幅度较小，高肥处理和低肥处理的 CO_2 通量均值差异不显著，但与对照相比均达到了显著性差异（$P<0.05$）。间歇灌溉条件下，中肥处理（C2N2）的 CO_2 排放通量均值为所有处理中最低，为 $41.14\text{ mg}\cdot\text{m}^{-2}\cdot\text{h}^{-1}$，各处理间均达到显著性差异（$P<0.05$），C2N3 处理的 CO_2 排放通量均值为所有处理中最高，为 $73.51\text{mg}\cdot\text{m}^{-2}\cdot\text{h}^{-1}$。淹灌条件下，不同施肥

表 5.1　　　　　　　　　不同水氮处理 CO_2 排放的平均通量和累积排放量

灌溉模式	处理	生长周期 /d	CO_2 排放通量/(mg·m^{-2}·h^{-1})		季节累积排放量 /(kg·hm^{-2})
			排放通量变化范围	平均值	
控制灌溉	C1N1	124	8.68~249.13	62.77±3.6b	1868.11
	C1N2	124	9.44~217.04	67.92±3.9a	2021.27
	C1N3	124	9.36~186.12	60.19±4.7b	1791.33
	C1N4（CK）	124	8.78~154.00	54.28±3.7c	1615.47
间歇灌溉	C2N1	124	9.32~327.85	62.57±3.9b	1862.03
	C2N2	124	10.13~164.30	41.14±5.4d	1224.22
	C2N3	124	9.77~506.70	73.51±6.4a	2187.70
	C2N4（CK）	124	9.88~235.51	50.73±4.2c	1509.61
淹灌	C3N1	124	8.41~284.35	68.71±4.6b	2044.70
	C3N2	124	11.86~185.90	58.23±3.7c	1732.95
	C3N3	124	8.40~522.99	73.15±5.3a	2176.81
	C3N4（CK）	124	12.32~155.50	47.17±3.8d	1403.76

处理的 CO_2 排放通量均值均高于 CK，达到差异性显著（$P<0.05$），所有处理的水稻全生育期 CO_2 排放通量均值没有发现明显的规律性特征。

在控制灌溉模式下，各处理的 CO_2 的累积排放量变化较小，变化幅度在 1615.47~2021.27kg·hm^{-2}。间歇灌溉和淹灌模式下各处理的 CO_2 的累积排放量变化幅度相对较大。CO_2 累积排放量的最高值出现在间歇灌溉模式下。同样，水稻全生育期 CO_2 累积排放量也没有发现明显的规律性特征。

相同的施肥水平下，不同的水分处理对稻田 CO_2 累积排放量也产生一定的影响。控制灌溉及间歇灌溉模式下的 CO_2 累积排放量相对淹灌状态有所下降。水层的频繁变化，干湿交替的状态使土壤的通气性增加，从而促进土壤呼吸，使稻田 CO_2 排放量有所增加。淹灌状态下，水层保持相对稳定的状态，土壤的呼吸作用减弱，CO_2 的排放有所降低。

单因素方差分析见表 5.2。水分管理和氮肥用量对水稻生长季节 CO_2 排放平均通量影响极显著（$P<0.01$）。水分管理对水稻生育期内 CO_2 累积排放量没有显著影响

（$P>0.05$），氮肥用量对 CO_2 累积排放量影响显著（$P<0.05$）。双因素方差分析结果表明，水分管理和氮肥用量两因素对水稻生长季节 CO_2 排放平均通量和季节累积排放量均具有交互作用。

表 5.2　　　　稻田 CO_2 排放平均通量和累积排放量的方差分析

方差分析结果	CO_2 排放通量的均值	CO_2 季节累积排放量
水分管理 W	＊＊	ns
氮肥用量 N	＊＊	＊＊
水分管理×氮肥用量（W×N）	＊＊	＊

注　①　"ns"表示无显著差异，下同。

　　②　＊和＊＊意义同前。

5.1.3　水稻不同生育期 CO_2 累积排放量

水稻不同生育期各处理的 CO_2 不同生育阶段累积排放量如图 5.2 所示。总体分析，各处理 CO_2 排放量主要集中在晒田期、拔孕期、抽开期三个阶段，在黄熟期排放有所上升，在其他生育阶段排放较少。

由图 5.2（a）可知，在控制灌溉模式下，各处理 N_2O 的排放主要集中在晒田至抽开期，并在抽开期达到全生育期排放最为集中的阶段。其中抽开期 CO_2 的排放，各处理分别占各自全生长季 CO_2 排放量的 48.9％、43％、52.3％ 和 48.3％。其中排

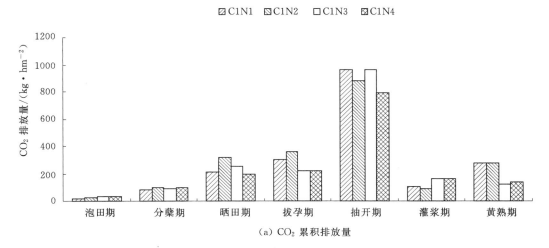

（a）CO_2 累积排放量

图 5.2（一）　不同生育阶段稻田 CO_2 排放量

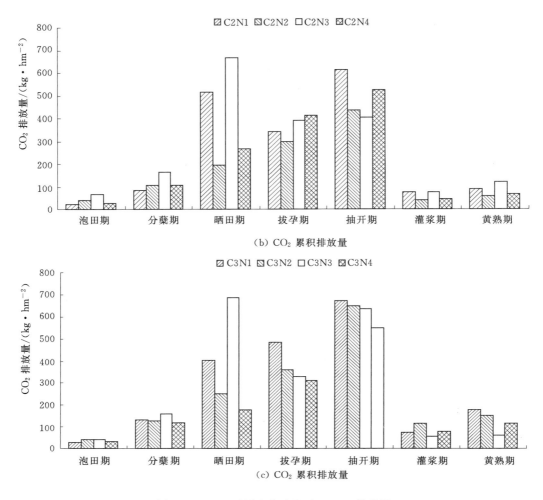

图 5.2（二）　不同生育阶段稻田 CO_2 排放量

放的最大值出现在 C1N3 处理，CO_2 的排放量为 963.84kg·hm^{-2}。抽开期为水稻植株生长最为旺盛的阶段，植株在暗箱条件下，排放 CO_2 较多，植株的 CO_2 排放起主导作用。

　　由图 5.2（b）可知，在间歇灌溉模式下，各处理的 CO_2 排放量的集中期为晒田期、拔孕期和抽开期三个阶段。不同施肥量处理间的差异较大，但并未发现规律性特征。在晒田期，C2N1 和 C2N3 两个处理的 CO_2 出现排放量激增，其中 C2N3 处理的 CO_2 累积排放量达到全生育期最大值，为 668.59kg·hm^{-2}。

　　图 5.2（c）表明，在淹灌模式下，各处理 CO_2 的排放量从分蘖期开始上升，除 C3N3 处理在晒田期间达到集中排放的高峰（687.65kg·hm^{-2}），其余三个处理均在抽开期出现集中排放的峰值，之后下降，在黄熟期有所上升，但排放的量不大。

5.2 稻田环境因子与 CO_2 排放通量的关系

在暗箱条件下，稻田 CO_2 的排放由土壤呼吸排放的 CO_2 和植物暗箱呼吸 CO_2 两部分组成。因此，CO_2 的排放不仅受土壤环境因子的影响，也会受到水稻植株自身的影响。

5.2.1 气象因子与稻田 CO_2 排放通量的关系

将水稻生长季内不同生育阶段的 CO_2 排放量与气象因子综合分析。气象因子也是影响稻田 CO_2 排放的重要因素。CO_2 排放主要集中在晒田期、拔孕期及抽开期三个阶段，此时日平均气温较高，水稻生长旺盛，土壤水热状况适宜，通气性增强，使 CO_2 排放量加大。抽开期是 CO_2 累积排放量最大的阶段，虽然此时降水也比较频繁，但此时是水稻生长最为旺盛的阶段，植株呼吸作用产生的 CO_2 也较多。因此，CO_2 排放累积量在全生育期当中占很大比例。拔孕期的 CO_2 排放量在全生育期中占的比例较抽开期小，此阶段降雨量较多。降雨降低了 CO_2 在土壤大孔径中的传输速率，降雨也会改变土壤的物理性质也会导致土壤 CO_2 排放通量降低。

5.2.2 土壤因子与稻田 CO_2 排放通量的相关性

各处理 CO_2 排放通量与土壤因子的相关关系见表 5.3。不同水肥处理的稻田 CO_2 排放通量与土壤 $NH_4^+—N$ 含量、$NO_3^-—N$ 含量之间没有发现明显的相关性。

表 5.3　　　　　　　各处理 CO_2 排放通量与土壤因子的相关关系

CO_2 排放通量	土　壤　因　子					
	$NH_4^+—N$		$NO_3^-—N$		pH 值	
	Pearson 系数	P 值	Pearson 系数	P 值	Pearson 系数	P 值
C1N1	0.569	0.182	0.233	0.615	-0.886**	0.008
C1N2	0.791*	0.034	0.081	0.863	-0.854*	0.017
C1N3	0.373	0.409	0.039	0.934	-0.435	0.329

CO_2 排放通量	土　壤　因　子					
	$NH_4^+—N$		$NO_3^-—N$		pH 值	
	Pearson 系数	P 值	Pearson 系数	P 值	Pearson 系数	P 值
C1N4	0.581	0.171	0.281	0.541	−0.026	0.956
C2N1	0.442	0.321	−0.537	0.214	0.321	0.483
C2N2	0.210	0.651	−0.058	0.901	0.155	0.740
C2N3	0.522	0.229	−0.646	0.117	0.304	0.507
C2N4	0.553	0.198	−0.192	0.679	0.119	0.799
C3N1	−0.110	0.815	−0.423	0.344	0.406	0.366
C3N2	−0.171	0.714	−0.129	0.782	−0.070	0.882
C3N3	0.307	0.502	−0.308	0.501	0.261	0.572
C3N4	−0.254	0.583	−0.423	0.344	0.008	0.987

注　＊和＊＊意义同前。

在本研究中，各处理土壤铵态氮含量与 CO_2 排放通量之间没有明显的相关性，除 C1N2 处理的 CO_2 排放通量与土壤铵态氮含量呈现显著性差异（$P<0.05$）外，其他处理无相关关系。各处理土壤硝态氮含量与 CO_2 排放通量之间也没有明显的相关性，控制灌溉条件下各处理土壤硝态氮含量与 CO_2 排放通量之间呈正相关关系，间歇灌溉模式和淹灌模式下呈负相关关系，但均没有达到显著性水平。控制灌溉条件下，不同处理 CO_2 排放通量与土壤 pH 值呈负相关关系，其中 C1N1 处理达到极显著水平（$P<0.01$），C1N2 处理达到显著水平（$P<0.05$）。其他处理的 CO_2 排放通量与土壤 pH 值无相关关系。

5.2.3　稻田 CO_2 排放通量与土壤 5cm 深度温度的关系

稻田 CO_2 排放通量与土壤 5cm 深温度的关系如图 5.3 所示。相关分析表明，土壤温度对稻田 CO_2 的排放产生较大影响，稻田 CO_2 通量与土壤 5cm 深温度的关系呈极显著正相关（$R^2=0.197$，$P<0.001$，$n=168$）。土壤温度升高，可以提高作物根系的呼吸和加速土壤中有机质的分解，也能提高微生物的活性，从而促进土壤中 CO_2

的释放。图中过大或过小的异常点群，是因为土壤呼吸不仅受到土壤温度的影响，还受到其他可能受其他因素影响。

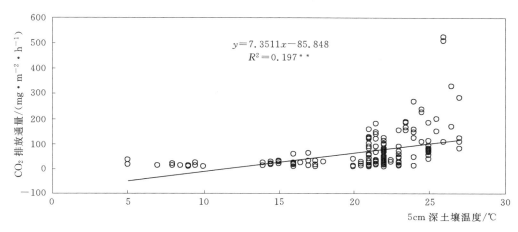

图 5.3　稻田 CO_2 排放通量与土壤 5cm 深温度的关系

5.2.4　稻田 CO_2 排放通量与水层深度的关系

本研究综合两年的稻田 CO_2 排放通量和水层深度数据进行相关分析，如图 5.4 所示。相关分析表明 CO_2 排放通量与水层深度间呈负相关关系（$R^2 = 0.0139$，$P > 0.05$，$n = 168$）。虽然 CO_2 排放通量随着水层深度的增加有减少的趋势，但两者之间相关度很低。田面水层深度决定着土壤的通气状况，但也同时影响着土壤中微生物的活动和其他因素的变化，因而使土壤排放 CO_2 的过程变得更为复杂，也具有更多的不确定性。

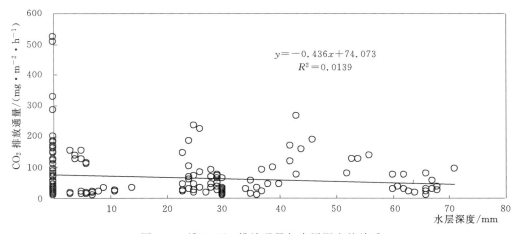

图 5.4　稻田 CO_2 排放通量与水层深度的关系

5.2.5　稻田 CO_2 排放通量与水稻生物量的关系

将稻田 CO_2 季节累积排放量和水稻地上部分生物量进行相关分析，如图 5.5 所示。发现两者存在明显的相关性，达到极显著水平（$R^2=0.1248^{**}$，$P<0.01$，$n=84$）。水稻插秧后，随着水稻地上部分生物量的增加，稻田 CO_2 季节累积排放量呈现升高的趋势，这说明在稻田系统中，植株的呼吸作用对 CO_2 的排放量起到很大的影响。

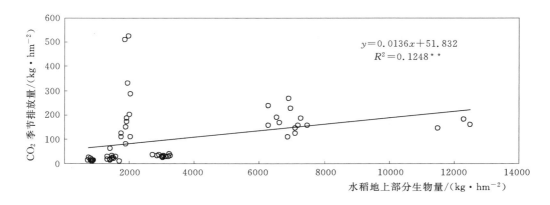

图 5.5　CO_2 季节排放量与水稻地上部分生物量的关系

5.3　小结

5.3.1　水肥因子对稻田 CO_2 排放的影响

土壤呼吸作用受到土壤水分状况的强烈影响。土壤的含水量、微生物的活动和土壤温度都与土壤水分条件密切相关，而稻田田面的水层深度也影响着微生物的活动，进而影响土壤的呼吸作用。有研究发现土壤呼吸在土壤过干或过湿状态时都会受到抑制[3]。本研究中控制灌溉和间歇灌溉模式下的 CO_2 的排放相对于淹灌状态下有所增加，水层的交替变化促进了土壤的呼吸作用，而淹水状态：一方面使土壤的呼吸作用减弱；另一方面水层也阻碍了土壤呼吸的 CO_2 排放。不同的水肥处理，在稻田晒田

期间 CO_2 排放均出现突然激增的现象，田面水分的减少，土壤呼吸作用大大增强，土壤孔隙中的 CO_2 加快排放。

氮肥的施用，主要是改变了土壤的 C/N，而 C/N 也是影响土壤微生物活性的一个重要因子，进一步影响稻田土壤 CO_2 的产生及排放有研究表明，在小麦稻秆还田的条件下，随着施氮肥的增加，土壤呼吸的作用明显增强。杨兰芳和蔡祖聪[4]的研究也发现，施用氮肥能促进土壤呼吸作用。但也有研究指出，土壤呼吸作用强弱受氮肥的影响并不显著[5]，甚至氮肥可能抑制土壤呼吸作用。本研究中，在相同灌溉模式下，各施肥处理的 CO_2 排放量相对于对照均有所增加，但随着氮肥施用量的增加，CO_2 排放量呈下降的趋势。

5.3.2 土壤因子对稻田 CO_2 排放的影响

本研究中，各处理的稻田 CO_2 排放通量与土壤 pH 值的相关关系不显著。除了控制灌溉模式下，稻田 CO_2 排放通量与土壤 pH 值之间存在一定的相关性，其他处理均没有发现相关关系。本研究中试验站土壤的 pH 值变化幅度较小，同时由于环境因子例如气候、水分和土壤养分含量等条件的改变，使得土壤 pH 值对 CO_2 的影响并没有表现出规律性特征。

各处理的稻田 CO_2 排放通量与土壤中 NH_4^+—N 和 NO_3^-—N 含量也没有发现显著的相关关系。土壤中无机态氮的转化是一个复杂多变的过程，不仅受到土壤水分和土壤温度等环境因子的影响，同时也受到氮肥施用量的影响，而这一系列复杂多变的外界因素导致土壤中铵态氮和硝态氮含量没有表现出明显的规律性特征，因而对稻田 CO_2 的产生与排放也没有显著性影响。这与前人的许多研究结果有所不同[6-8]。

5.3.3 环境因子对稻田 CO_2 排放的影响

本研究结果表明，稻田 CO_2 的排放通量与 5cm 深土壤温度呈极显著正相关关系（$P<0.001$）。随着土壤温度的升高，提升了土壤中微生物的活性，土壤呼吸和水稻植株的呼吸作用均有所增强。这和以往的一些研究得出了相似的结论[9-11]。有研究也表明，土壤温度会强烈影响土壤微生物活性和植物根系呼吸作用，微生物种群会在土壤温度升高时迅速增长，对土壤有机质的分解能力也大大提升，同时植物根系呼吸和土壤微生物呼吸均得到加强[12]。土壤温度同时也影响土壤呼吸产生的

CO_2 向大气的排放过程，随着土壤温度升高，土壤呼吸作用产生的 CO_2 向大气的排放也会增强。

本研究中稻田 CO_2 排放通量和水层深度数据进行相关分析，表明两者不相关，但未达显著水平。稻田 CO_2 排放通量随田面水层深度的增加而减小。其中的原因是：土壤中微生物的活性和水稻的生长均受水层的影响，土壤水分过多或过少均抑制土壤微生物的活性，同时也抑制植株的生长发育。由于土壤呼吸及植株的呼吸受到多种因素的影响，因此单一的因素对稻田 CO_2 排放通量的影响具有相对的不确定性。

5.3.4　水稻生物量对 CO_2 排放的影响

植物本身对土壤呼吸是一个重要的影响因素，同时植株体本身的呼吸作用也影响着稻田 CO_2 的排放通量。影响土壤呼吸的关键作物指标是叶面积指数，而叶面积指数又和水稻植株地上部分生物量的变化趋势一致。因而水稻植株的地上部分生物量和稻田 CO_2 的排放量之间存在着明显的相关性。随着植株的生长发育，植物体呼吸作用增强，植株本身产生的 CO_2 相对于土壤呼吸作用的产生量明显具有优势，因此在植株体生长最为旺盛的季节，也是稻田 CO_2 排放最为集中的阶段。

参 考 文 献

[1] 中华人民共和国环境保护部，中华人民共和国国家统计局，中华人民共和国农业部. 第一次全国污染源普查公报［EB］. 2010.

[2] 孙文娟，黄耀，张稳. 农田土壤固碳潜力研究的关键科学问题［J］. 地球科学进展，2008，23（9）：996-1004.

[3] 孟凡乔，关桂红，张庆忠，等. 华北高产农田长期不同耕作方式下土壤呼吸及其季节变化规律［J］. 环境科学学报，2006，26（6）：992-999.

[4] 杨兰芳，蔡祖聪. 玉米生长中的土壤呼吸及其受氮肥施用的影响［J］. 土壤学报，2005，42（1）：9-15.

[5] 沈宏，曹志洪，王志明. 不同农田生态系统土壤碳库管理指数的研究［J］. 自然资源学报，1999，20（3）：15-20.

[6] 杨连新，王云霞，朱建国，等. 开放式空气中 CO_2 浓度增高（FACE）对水稻生长和发育的影响［J］. 生态学报，2010，30（6）：1573-1585.

[7] 李成芳，等. 不同耕作方式下稻田土壤 CH_4 和 CO_2 的排放及碳收支估算［J］. 农业环境科学学报，2009.28（12）：2482-2488.

[8] 陈义，吴春艳，水建国，等. 长期施用有机肥对水稻土 CO_2 释放与固定的影响［J］. 中国农业科学，2005，38（12）：2468-2473.

[9] 严俊霞，汤亿，李洪建，等. 小尺度范围内植被类型对土壤呼吸的影响［J］. 环境科学，2009，30（11）：3121-3129.

[10] 王立刚，李虎，杨黎，等. 冬小麦/夏玉米轮作系统不同施氮量的长期环境效应及区域氮调控模拟［J］. 中国农业科学，2013，46（14）：2932-2941.

[11] 刘武仁，郑金玉，罗洋，等. 玉米秸秆还田对土壤呼吸速率的影响［J］. 玉米科学，2011，19（2）：105-108.

[12] Tang，J.，D. D. Baldocchi，Y Qi，et al. Assessing soil CO_2 efflux using continuous measurements of CO_2 profiles in soils with small solid-state sensors［J］. Agricultural Forestry Meteorology，2003（118）：207-220.

第 6 章

不同水肥管理模式下稻田总体
温室效应研究

稻田氮肥过量施用造成了一系列环境问题，国内外专家学者对稻田施氮肥的迁移转化及其环境效应的开展了相关研究。氮素的流失不仅对水体造成一定的污染，同时也使一部分氮素转化为 N_2O 排放，对大气的温室效应造成一定的影响。本研究通过研究不同水氮处理下，对稻田水稻产量、水分利用效率、氮肥利用率及总体温室效应进行分析，以探明寒地稻田不同水肥管理模式下的农学效率和环境效应，从稻田温室气体减排的综合效应方面，同时考虑稻田 CH_4 和 N_2O 排放存在互为消长的关系，筛选环境友好型寒地稻田灌溉施肥模式。

6.1 不同水氮处理水稻产量效应

6.1.1 不同水氮处理水稻产量构成因素

各处理水稻产量构成见表 6.1。由表 6.1 可知，节水灌溉模式配合氮肥施用能显著增加水稻产量。控制灌溉模式下，氮肥施用量的增加能显著增加水稻产量。其中高肥水平处理（C1N1）比不施氮肥处理（C_1N_4）平均增产 62.9%，中肥水平处理（C1N2）比不施氮肥处理平均增产 64.7%。间歇灌溉模式下，高肥水平处理也具有明显的增产优势，中肥水平处理及高肥水平处理的水稻产量相对于对照（C2N4）均达到了显著性差异（$P<0.05$）；但高肥水平和中肥水平处理之间没有显著性差异（$P>0.05$）；其中 C2N2 处理的水稻产量达到 $10267kg \cdot hm^{-2}$，为所有处理中最高的。淹灌模式下，不同氮肥施用量，水稻增产优势明显，增产幅度在 51.2%～61.5% 之间；但施氮量梯度的变化，没有使水稻产量具有显著性差异（$P>0.05$）。单从灌溉模式来看，对水稻产量的影响不显著。

表 6.1 各处理水稻产量及其构成因素

灌溉模式	处理	单位面积穗数 /(穗·m⁻²)	穗粒数 /粒	结实率 /%	千粒重 /g	产量 /(kg·hm⁻²)
控制灌溉	C1N1	70	92	90.21	27.17	10110a
	C1N2	74	108	89.15	28.5	10220a
	C1N3	63	83	84.39	27.5	7348b
	C1N4	56	79	82.24	26.75	6206b
间歇灌溉	C2N1	70	99	89.3	27.67	10081a
	C2N2	71	102	88.95	28.67	10267a
	C2N3	62	83	85.45	28.33	7489b
	C2N4	58	73	84.17	26.5	6371b
淹灌	C3N1	71	63	85.64	27.83	9439a
	C3N2	67	65	87.77	27.83	9231a
	C3N3	66	67	86.4	26.83	8836a
	C3N4	49	63.5	80.78	26.25	5843a

从产量构成因素分析，灌溉模式配施氮肥，主要通过影响有效穗数来影响产量，不管哪种灌溉模式，施氮量增加均能使单位面积有效穗数提高。对产量构成因子与水稻产量之间作相关分析，见表 6.2。可以看出，穗粒数与产量的相关系数大于其他三个因子与产量的相关系数，说明穗粒数对产量的影响大于结实率对产量的影响大于有效穗数对产量的影响大于千粒重对产量的影响。

表 6.2 产量构成因子与水稻产量相关分析

相关因子	相关系数	回归方程
有效穗数	0.4174	$Y = -1448.5 + 17.653X$
穗粒数	0.7090**	$Y = -1229.5 + 105.6X$

续表

相关因子	相关系数	回归方程
千粒重	0.3264	$Y=-22657+1116.9X$
结实率	0.6994**	$Y=-35384+500.31X$

注 ＊＊意义同前。

6.1.2 不同水氮处理对水稻收获指数的影响

不同水氮模式下水稻收获指数分析见表6.3。由考种得出的秸秆产量和生物产量与实际籽粒产量的变化趋势一致。相同灌溉模式下，秸秆产量随着施氮量的增加而呈上升趋势。灌溉模式对水稻秸秆产量的影响较小，各处理水稻收获指数并没有表现出和产量相似的规律性。灌溉模式相同，氮肥施用量的增加，既促进水稻籽粒形成，同时也增加了水稻秸秆的产量，使总的生物产量增加。

表6.3 不同水氮模式下水稻收获指数

处理	秸秆产量 /(kg·hm⁻²)	籽粒产量 /(kg·hm⁻²)	生物产量 /(kg·hm⁻²)	收获指数 /%
C1N1	6548	10110	16658	39.31
C1N2	6445	10220	16665	38.67
C1N3	5665	7348	13013	43.53
C1N4	5182	6206	11388	45.50
C2N1	7798	10081	17879	43.62
C2N2	6995	10267	17262	40.52
C2N3	5523	7489	13012	42.45
C2N4	4930	6371	11301	43.62
C3N1	6854	9439	16293	42.07
C3N2	6465	9231	15696	41.19
C3N3	5170	8836	14006	36.91
C3N4	3968	5843	9811	40.44

结合表 6.1 数据，对水稻产量及产量构成因子进行相关分析，如表 6.4 所示。相关分析表明：施氮量与千粒重呈显著性相关（$P<0.05$），与有效穗数、结实率、籽粒产量和生物产量呈极显著相关（$P<0.01$），与每穗粒数相关性不显著，与收获指数呈负相关关系，但相关性不显著。

表 6.4　　　　　　　　　　水稻产量及产量构成因子的相关性分析

相关系数	施氮量	有效穗数	每穗总粒数	结实率	千粒重	籽粒产量	生物产量
有效穗数	0.907**	—	—	—	—	—	—
每穗总粒数	0.400	0.544	—	—	—	—	—
结实率	0.853**	0.908**	0.640*	—	—	—	—
千粒重	0.677*	0.744**	0.591*	0.640*	—	—	—
籽粒产量	0.925**	0.955**	0.540	0.943**	0.682*	—	—
生物产量	0.937**	0.952**	0.564	0.929**	0.709**	0.981**	—
收获指数	−0.334	−0.370	−0.057	−0.420	−0.128	−0.483	−0.306

注　＊和＊＊意义同前。

水稻籽粒产量及生物产量与千粒重及结实率关系密切，相关性均达到极显著水平，受每穗总粒数影响较小，没有达到显著性相关关系。水稻产量与产量构成因子与收获指数均呈负相关性，但没有达到显著性水平。

6.1.3　不同处理水稻单位产量温室气体总排放量

将稻田整个生长季 CO_2、CH_4 和 N_2O 三种温室气体排放总量结合水稻产量，计算了各处理单位产量的三种温室气体排放总量，见表 6.5。

表 6.5　　　　　　各处理模式下单位产量 CO_2、CH_4 和 N_2O 的排放量

处理	CO_2 总排放量 /(kg·hm^{-2})	CH_4 总排放量 /(kg·hm^{-2})	N_2O 总排放量 /(kg·hm^{-2})	籽粒产量 /(kg·hm^{-2})	单位产量 CO_2 排放量 /(g·kg^{-1})	单位产量 CH_4 排放量 /(g·kg^{-1})	单位产量 N_2O 排放量 /(g·kg^{-1})
C1N1	1868.11	235.46	0.37	10110	184.78	23.29	0.04
C1N2	2021.27	275.65	0.35	10220	197.78	26.97	0.03

续表

处理	CO_2 总排放量 /(kg·hm^{-2})	CH_4 总排放量 /(kg·hm^{-2})	N_2O 总排放量 /(kg·hm^{-2})	籽粒产量 /(kg·hm^{-2})	单位产量 CO_2 排放量 /(g·kg^{-1})	单位产量 CH_4 排放量 /(g·kg^{-1})	单位产量 N_2O 排放量 /(g·kg^{-1})
C1N3	1791.33	247.71	0.25	7348	243.78	33.71	0.03
C1N4	1615.47	271.74	0.23	6206	260.31	43.79	0.04
C2N1	1862.03	242.95	0.41	10081	184.71	24.10	0.04
C2N2	1224.22	216.47	0.26	10267	119.24	21.08	0.03
C2N3	2187.70	238.12	0.21	7489	292.12	31.80	0.03
C2N4	1509.61	244.70	0.19	6371	236.95	38.41	0.03
C3N1	2044.70	375.05	0.24	9439	216.62	39.73	0.03
C3N2	1732.95	419.27	0.14	9231	187.73	45.42	0.02
C3N3	2176.81	296.74	0.18	8836	246.35	33.58	0.02
C3N4	1403.76	284.34	0.14	5843	240.25	48.66	0.02

不同水氮处理单位产量 CO_2 排放量变化表现出较为复杂的特性，没有发现规律性特征。间歇灌溉模式各处理单位产量 CO_2 排放量变化幅度最大（119.24～292.12 g·kg^{-1}），淹灌模式下各处理单位产量 CO_2 排放量变化幅度最小（187.73～246.35 g·kg^{-1}），不同施肥量处理间差异较大。控制灌溉条件下，不同施氮量处理的单位产量 CO_2 排放量相对于对照均降低，其中高施氮量（C1N1）处理较对照下降了 29%。间歇灌溉模式各处理之间表现相对复杂，C2N1 和 C2N2 处理相对于对照均下降，而 C2N3 处理相对于对照增加了 23.3%，为所有处理中的最大量。

不同水氮处理单位产量 CH_4 排放量变化表现出一定的规律性特征。相同灌溉模式下，随施肥量的增加，单位产量 CH_4 排放量均呈现下降的趋势。灌溉模式对单位产量 CH_4 排放量也具有一定的影响，淹灌模式下的单位产量 CH_4 排放量相比控制灌溉模式和间歇灌溉模式下的有所增加，最大值出现在 C3N4 处理，为

$48.66g \cdot kg^{-1}$。

不同水氮处理单位产量 N_2O 排放量没有表现出较大差异性。灌溉模式对单位产量 N_2O 排放量产生一定影响，控制灌溉处理和间歇灌溉处理的单位产量 N_2O 排放量较淹灌模式各处理有所增加。相同灌溉模式下，氮肥用量对单位产量 N_2O 排放量没有产生规律性的变化。

6.2　不同水氮处理稻田总体温室效应

大气中温室气体浓度的增加是导致全球变暖的主要因素，人类活动向大气中排放过量的温室气体主要为 CO_2、CH_4 和 N_2O。随着农业生产规模化与机械化程度的提高，农业生产的全过程将耗用能源联系更加紧密，排放的温室气体也逐渐增加[1]。稻田是大气 CH_4 和 N_2O 的主要生物排放源之一，被认为是大气中 CH_4 和 N_2O 的主要人为释放源[2]。本研究中计算总体温室效应采用增温潜势 GWP，计算稻田生态系统 CO_2、CH_4 及 N_2O 气体排放对全球变暖的重要影响，以期为寒地稻田温室效应的相关研究提供减排依据和文献参考。

稻田生态系统不仅吸收固定 CO_2，而且排放 CO_2、CH_4 及 N_2O 气体。本研究用全球增温潜势 GWP（CO_2 的 GWP 为 1）来表示相同质量的不同温室气体对温室效应增强的相对辐射效应。以 100 年为时间尺度，单位质量的 CH_4 和 N_2O 气体的 GWP 分别为 CO_2 的 21 倍和 310 倍[3]。GWP 的计算式为

$$GWP = f_{CO_2} \times 1 + f_{CH_4} \times 21 + f_{N_2O} \times 310 \qquad (6-1)$$

式中　f_{CO_2}、f_{CH_4}、f_{N_2O}——稻田生态系统在水稻全生育期间不同温室气体 CO_2、CH_4、N_2O 的排放量。

表 6.6 显示了不同水肥模式下水稻生长季内三种温室 CO_2、CH_4 和 N_2O 的综合增温潜势。综合分析，稻田排放的 CH_4 产生的温室效应高于排放 CO_2 和 N_2O 两种气体产生的温室效应。CO_2 和产生的温室效应在 $1824.22 \sim 2187.7kg \cdot hm^{-2}$ 范围内，而 CH_4 产生的温室效应在 $4545.96 \sim 8804.75kg \cdot hm^{-2}$ 之间。虽然 N_2O 气体的 GWP 为 CO_2 310 倍，但由于水稻生长季稻田 N_2O 气体的累积排放量较少，因此 N_2O 气体产生的温室效应在总体温室效应中占的比重较少，变化幅度在 $44.17 \sim 127.45kg \cdot hm^{-2}$ 之间。CH_4 产生的温室效应是 CO_2 和产生的温室效应的 3.28 倍，是 N_2O 气体产生的温室效应的 76.4 倍。

表 6.6　　　　　　　　　　　不同水氮处理稻田综合增温潜势

处理	CO_2 累积排放量 /($kgCO_2 \cdot hm^{-2}$)	CH_4 累积排放量 /($kgCO_2 \cdot hm^{-2}$)	N_2O 累积排放量 /($kgCO_2 \cdot hm^{-2}$)	CO_2 温室效应 /($kgCO_2 \cdot hm^{-2}$)	CH_4 温室效应 /($kgCO_2 \cdot hm^{-2}$)	N_2O 温室效应 /($kgCO_2 \cdot hm^{-2}$)	总温室效应 /($kgCO_2 \cdot hm^{-2}$)
C1N1	1868.11	235.46	0.37	1868.11	4944.68	113.44	6926.24
C1N2	2021.27	275.65	0.35	2021.27	5788.67	107.69	7917.63
C1N3	1791.33	247.71	0.25	1791.33	5201.85	78.45	7071.63
C1N4	1615.47	271.74	0.23	1615.47	5706.51	70.44	7392.42
C2N1	1862.03	242.95	0.41	1862.03	5101.86	127.45	7091.34
C2N2	1224.22	216.47	0.26	1224.22	4545.96	80.74	5850.91
C2N3	2187.70	238.12	0.21	2187.70	5000.62	66.07	7254.39
C2N4	1509.61	244.70	0.19	1509.61	5138.73	59.02	6707.36
C3N1	2044.70	375.05	0.24	2044.70	7876.06	73.42	9994.18
C3N2	1732.95	419.27	0.14	1732.95	8804.75	44.25	10581.95
C3N3	2176.81	296.74	0.18	2176.81	6231.48	55.33	8463.62
C3N4	1403.76	284.34	0.14	1403.76	5971.18	44.17	7419.11

　　从总体增温潜势分析，不同水氮处理的变化范围为 5850.91～10581.95$kgCO_2 \cdot hm^{-2}$。相同灌溉模式下，不同氮肥用量处理的总体温室效应差异很小。控制灌溉模式下，C1N1 和 C1N3 处理的 GWP 较小，相对于对照分别减少了 430.18$kgCO_2 \cdot hm^{-2}$ 和 320.79$kgCO_2 \cdot hm^{-2}$，C1N2 处理的 GWP 相对于对照增加了 900$kgCO_2 \cdot hm^{-2}$。间歇灌溉模式下，C2N1 和 C2N3 处理的 GWP 较不施氮肥处理有所上升，但上升幅度不大，C2N2 处理相比对照降低了 12.8%。淹灌模式下，氮肥施用量的增加，均使 GWP 有增高的趋势，其中 C3N2 处理的 GWP 为 10581.95$kgCO_2 \cdot hm^{-2}$，是所有处理中最高值。

　　灌溉模式对总体增温潜势具有一定的影响，淹灌模式下 GWP 相对于控制灌溉模式和间歇灌溉模式的有所上升。可见节水灌溉模式能有效地降低 CO_2、CH_4 和 N_2O 的总体温室效应。

6.3 水氮模式对水稻产量及总体增温潜势的耦合效应

根据水稻全生育期耗水量、施氮量和产量、总体增温潜势（*GWP*）之间的关系，建立回归数学模型，得到耗水量和氮肥施用量对产量和稻田总体增温潜势的回归方程为

$$\begin{cases} Y_1 = 30.33X_1 - 0.517X_2 + 6374.7 \\ Y_2 = 2.67X_1 + 0.77X_2 + 2897 \end{cases} \tag{6-2}$$

式中 Y_1——产量，$kg \cdot hm^{-2}$；

      Y_2——总体增温潜势（*GWP*）；

      X_1——施氮量，$kg \cdot hm^{-2}$；

      X_2——耗水量，mm。应用 SPSS 软件对得到的试验数据进行分析，拟合方程，相关系数的平方分别为 0.824、0.537，回归方程通过显著性检验。

运用 Sigmaplot 软件对试验的氮肥施用量、耗水量及实际产量进行模拟，如图 6.1 所示。曲面图上各点的高度代表水氮互作时水稻的产量。曲面的高度越高，表示产量越高。当控制因子固定于某一水平时，产量随另一因子水平的变化而变化。当氮肥用量较低时，不同耗水量间产量差异相对较小。随着氮肥用量水平的提高，不同耗

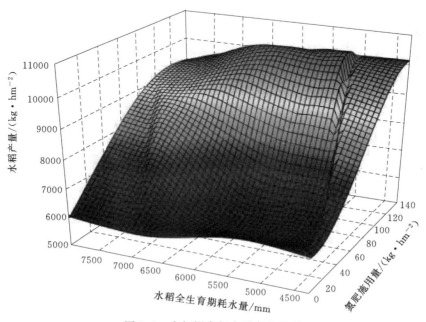

图 6.1 水氮耦合与水稻产量关系

水量间的产量差异逐步增大。但当氮肥用量大于 $105kg \cdot hm^{-2}$ 时，随着氮肥施用量的提高，增产幅度减小。

运用 Sigmaplot 软件对试验的氮肥施用量、耗水量及水稻总体增温潜势进行模拟如图 6.2 所示。曲面图上各点的高度表示水氮互作时水稻全生育期的总体增温潜势。曲面的高度越低，表示总体增温潜势越弱。当控制因子固定于某一水平时，水稻全生育期 GWP 随另一因子水平的变化而变化。当氮肥用量处于低水平时，随着耗水量的增加，GWP 上升明显。当全生育期耗水量大于 $6500m^3 \cdot hm^{-2}$ 时，水稻全生育期的增温潜势激增。而当水分因子处于同一水平时，氮肥用量的改变，水稻全生育期总体增温潜势变异较小。

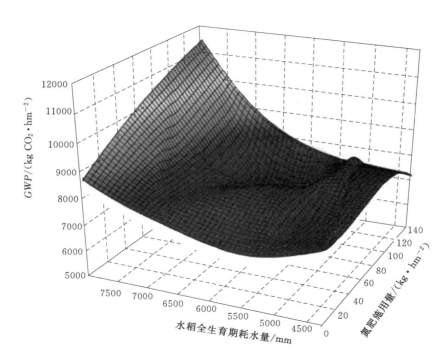

图 6.2　水氮耦合与水稻总体增温潜势关系

6.4　小结

6.4.1　不同水氮模式对水稻产量的影响

在制约水稻生长发育的诸多因素中，水稻产量与品质形成的重要因子是水和肥。

研究水肥互作对水稻生长发育、产量的影响，对合理使用水肥，提高水肥利用效率和水稻产量有着重要的意义。本研究中，当灌溉模式相同时，随着施氮水平的提升，水稻的籽粒产量呈现增加的趋势，秸秆产量及生物产量也表现出类似的趋势。水稻产量受灌水模式的影响不大，施氮量却显著地影响着水稻的产量。在一定施氮量范围内，籽粒产量随施氮量的增加而增加，超过一定范围后则产量有下降的趋势。本研究中，施氮量为 $0 \sim 135 kg \cdot hm^{-2}$，节水灌溉条件下，施氮量在 $0 \sim 105 kg \cdot hm^{-2}$ 范围时，水稻籽粒产量随施氮量的增加而提高，施氮量高于 $105 kg \cdot hm^{-2}$ 时，增加施氮量籽粒产量反而下降，这些试验结果与以往的一些研究一致[1-3]。

6.4.2 不同水氮模式对水稻生长季内稻田总体温室效应的影响

本研究中，不同水氮模式下，各处理单位产量的 CO_2、CH_4 和 N_2O 三种温室气体排放总量，没有发现明显的规律性特征。水肥因子影响稻田 CO_2、CH_4 和 N_2O 三种温室气体的排放，同时水肥因子也是产量形成的重要影响因子。因此，结合产量因素，水肥因素对 CO_2、CH_4 和 N_2O 三种温室气体排放的影响减弱。

从水稻全生育期的总体温室效应来看，三种温室气体对稻田整体温室效应的贡献率是不同的。所有处理中 CH_4 产生的温室效应占两者总 GWP 的 71% 以上，是稻田的主要温室气体。CO_2 的增温潜势在总体增温潜势中占 26% 左右，而 N_2O 气体在总增温潜势中的贡献率只有不到 2%。CH_4 排放主要集中在分蘖末期和拔孕期，水稻生长中后期的 CH_4 排放会显著减少，整体呈下降趋势。控制间歇灌溉模式会减少 CH_4 的排放，而增加 N_2O 的排放。淹灌模式 CH_4 的排放量最高，而 N_2O 的排放量相应减少。虽然氮肥施用量的增加，可以使稻田生长季内 N_2O 的排放增加，但因为 N_2O 在总增温潜势中的贡献率很小，因此，从综合效应来看，节水灌溉是减少稻田综合温室效应的有效措施。节约灌溉用水能改善稻田通透性和土壤含氧量，根系活力强，抑制 CH_4 产生，促进 CH_4 氧化。寻求一种既能抑制 CH_4 产生，又能减少 N_2O 排放的水肥优化模式，将会对水稻温室气体减排起到至关重要的作用。

参 考 文 献

[1]　张学军，赵营，陈晓群，等. 不同水氮供应对水稻产量、吸氮量及水氮利用效率的影响 [J]. 中国农学通报，2010，26（4）：126 - 131.

[2]　邵玲玲，邹平，杨生茂，等. 不同土壤改良措施对冷浸田温室气体排放的影响 [J]. 农业环境科学学报，2014，33（6）：1240 - 1246.

[3]　张耀鸿，张亚丽，黄启为，等. 不同氮肥水平下水稻产量以及氮素吸收、利用的基因型差异比较 [J]. 植物营养与肥料学报，2006，12（5）：616 - 621.

第 7 章

不同水肥管理模式下稻田水氮
利用效率研究

7.1 不同水氮处理水分生产率

通过计算不同水氮处理的各生育阶段腾发量，计算出水稻全生育期的耗水量及耗水强度，综合产量因素计算水分利用效率。

7.1.1 不同水氮处理水稻耗水量分析

水稻耗水量包括腾发量（植株蒸腾量与棵间蒸发量之和）及田间渗漏量两部分，水稻耗水分为有效耗水与无效耗水两部分，农业节水主要是减少水稻田的无效耗水，即在不减少水稻产量的前提下减少水稻田的耗水量，达到节水的目的。因此，研究水稻需水量，对指导制定灌溉制度以达到节水的目的具有重要意义。

水稻分蘖期、拔孕期、抽开期和乳熟期四个生育阶段的水稻耗水量，如图 7.1 所示。

从图 7.1 可知，不同处理各生育阶段耗水规律基本相同，均呈现先增加后减少的趋势，分蘖期耗水量较高，主要是由于分蘖期水稻生长旺盛，需水量较高。同时由于此时水稻植株较小，不能完全封闭水面，存在较大的植株蒸发蒸腾量和水面蒸发。随着水稻的生长，耗水量呈下降的趋势，水稻植株的蒸发蒸腾占主导地位，水面的无效蒸发减少。

相同灌溉模式下，不同水氮处理的水稻生育阶段耗水量相差不大，施肥量的增加，水稻植株长势明显优于对照，因此水稻耗水量相对于对照均有所增加。

不同水氮处理水稻全生育期耗水量如图 7.2 所示。不同灌溉模式下，水稻全生育期耗水量具有一定差异。控制灌溉模式水稻全生育期耗水量在 $430\sim508.5mm$ 之间，

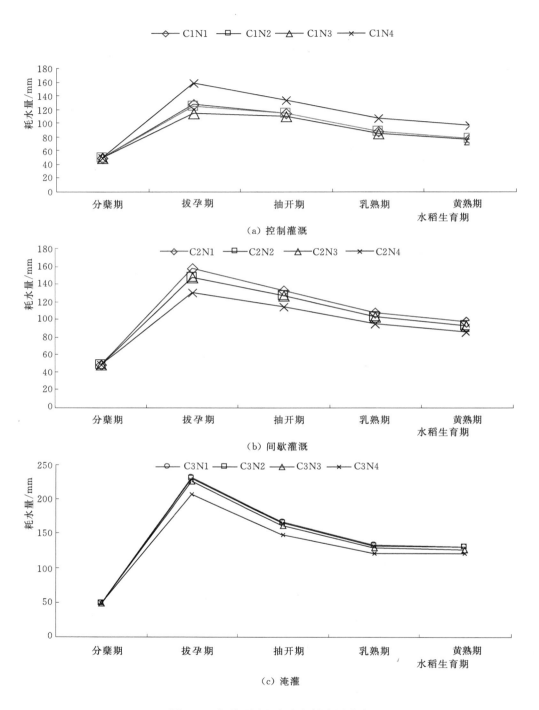

（a）控制灌溉

（b）间歇灌溉

（c）淹灌

图 7.1　水稻不同生育阶段耗水量分布

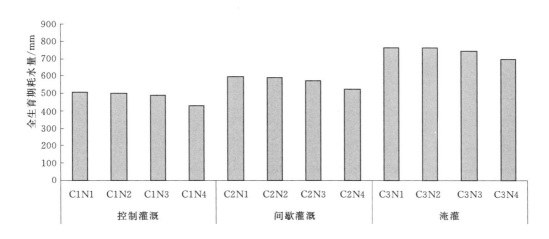

图 7.2 不同水氮处理水稻全生育期耗水量

间歇灌溉模式变化幅度在 527.4～597.1mm，淹灌模式下水稻全生育期耗水量最高，变化范围在 699.1～765.4mm。相对于淹灌模式，控制灌溉模式和间歇灌溉模式的水稻全生育期耗水量分别降低了 35％和 23％。

相同灌溉模式下，不同施肥量处理间水稻全生育期耗水量变化不大，氮肥施用量的增加，水稻全生育期耗水量呈现上升的趋势。

7.1.2 不同水氮模式下各处理水分利用效率

水和氮是对水稻产量影响的两大主要因素，研究水氮耦合模式下的水分利用效率，可以确定最优水氮耦合配合比例，达到用尽可能少的水资源及氮肥来生产更多的粮食，这对指导人们合理灌溉施肥，提高水稻经济效益，发展节水高产高效水稻具有重要意义。

水稻水分利用效率（WUE）是指水稻植株利用单位水量（即每立方米水量）所生产的经济产量（即水稻籽粒的产量），其计算公式为

$$WUE = \frac{Y}{ET} \qquad (7-1)$$

式中　Y——实测产量，$kg \cdot hm^{-2}$；

　　　ET——水稻全生育期利用的水量，即腾发量或净耗水量。

不同水氮处理的水稻全生育期灌溉水生产率及水分利用效率计算，见表 7.1。

表 7.1　　　　　　　　　　　　　不同处理水稻的水分利用效率

处理	灌溉水量 /(m³·hm⁻²)	耗水量 /(m³·hm⁻²)	产量 /(kg·hm⁻²)	灌溉水生产率 /(kg·m⁻³)	水分利用效率 /(kg·m⁻³)
C1N1	3625	5085	10110	2.79	1.99
C1N2	3575	5035	10220	2.86	2.03
C1N3	3400	4860	7348	2.16	1.51
C1N4	2840	4300	6206	2.19	1.44
C2N1	3891	5971	10081	2.59	1.69
C2N2	3838	5918	10267	2.68	1.73
C2N3	3642	5722	7489	2.06	1.31
C2N4	3194	5274	6371	1.99	1.21
C3N1	5084	7654	9439	1.86	1.23
C3N2	5047	7617	9231	1.83	1.21
C3N3	4901	7471	8836	1.80	1.18
C3N4	4421	6991	5843	1.32	0.84

由表 7.1 可以看出，在氮肥用量相同时，水稻灌溉水生产率和水分利用效率的规律一致，依次为：控制灌溉＞间歇灌溉＞淹灌。所有处理中，最高值出现在控制灌溉模式的 C1N2 处理，为 $2.03kg \cdot m^{-3}$，最小值出现在淹灌模式中的 C3N4 处理，为 $0.84kg \cdot m^{-3}$。

相同水分管理条件下，氮肥施用量的增加，产量优势明显，因此水稻水分利用效率随着氮肥施用量的增加呈上升的趋势。淹灌模式下，水分利用效率随氮肥用量的增加上升，最高值出现在高氮肥处理（C3N1）。控制灌溉和间歇灌溉模式下，水分利用效率的最高值出现在中等施氮水平处理上，可见在一定范围内，氮肥施用量增加，水分利用效率提升，但当氮肥用量到一定水平后，不再提高产量和水分利用效率。

7.2　不同水氮处理氮肥利用效率

水稻在生长发育过程中，水和氮不仅影响着水稻的生育形状、产量、品质和水分利用效率等指标，也影响着氮素的利用率。水分的增产作用会在氮素供应不足时得不到充分发挥，水分供应不协调也会造成氮素资源的浪费，水分管理不当还会引起硝态氮的淋失，并可能引起地下水的污染。本研究进一步研究了水分、氮素及其互作对水稻生长中氮积累量和氮素利用效率的影响，旨在探讨水肥调控在水稻生育期对氮肥利用的影响，探究最佳施氮量和灌溉模式，以期对水稻的高产高效管理提供理论依据。

各项氮素利用效率指标为

$$\begin{cases} RE = (UN - N_0)/FN \times 100\% \\ PE = (YN - Y_0)/(UN - U_0) \\ NAE = (YN - Y_0)/FN \\ PEP = YN/FN \end{cases} \quad (7-2)$$

式中　RE——氮肥利用率（Recovery efficiency of nitrogen fertilizer）；

PE——氮肥生理利用率（N physiological efficiency），$kg \cdot kg^{-1}$；

NAE——氮肥农学利用率（N agronomic efficiency），$kg \cdot kg^{-1}$；

PEP——氮肥偏生产力（Partial factor productivity of applied N），$kg \cdot kg^{-1}$；

Y_0、N_0——达标不施氮小区作物籽粒产量和地上部总吸氮量；

YN、UN——施氮小区作物籽粒产量和地上部总吸氮量；

FN——施氮小区的氮肥用量。

不同水氮管理模式下各处理水稻氮素吸收和利用效率计算分析，见表 7.2。

表 7.2　　　　　　　　水肥因子和氮素利用率的方差分析

水肥因子	氮肥利用率 /%	氮肥生理利用率 /(kg·kg⁻¹)	氮肥农学效率 /(kg·kg⁻¹)	氮肥偏生产力 /(kg·kg⁻¹)
水分管理 W	＊＊	ns	＊＊	ns
氮肥用量 N	＊＊	＊＊	＊＊	＊＊
水分管理×氮肥用量（W×N）	＊＊	＊＊	＊＊	＊＊

注　＊＊意义同前。

　　从表 7.2 的结果可看出，各处理水稻氮肥利用率相对较高，在 21.4%～59.1% 之间。灌溉模式对水稻氮肥利用率没有规律性的变化。同一灌溉模式下，施肥量的变化对水稻氮肥利用率影响较大。淹灌模式下，随着施肥量的增加，氮肥利用率逐渐降低。控制灌溉模式和间歇灌溉模式下，水稻氮肥利用率最高值均出现在中等肥量条件下，分别为 C1N2 和 C2N2 处理。

　　水氮处理对水稻的氮肥生理利用率的影响没有发现明显的规律性特征。间歇灌溉模式和淹灌模式下，各处理水稻的氮肥生理利用效率差别不大，变化幅度分别为 62.8～69.5kg·kg^{-1} 和 68.4～80.8kg·kg^{-1}。控制灌溉模式下，各处理的变化范围相对较大，最小值出现在 C1N3 处理，为 51.1kg·kg^{-1}。

　　不同水氮处理的水稻农学利用效率的变化特征与氮肥利用率的特征相似。淹灌模式下，随着施肥量的增加，水稻农学利用率逐渐降低。控制灌溉模式和间歇灌溉模式下，水稻氮肥利用率最高值均出现在中等肥量处理。C2N3 处理的值最小，为 14.9kg·kg^{-1}，最大值出现在 C3N3 处理，为 39.9kg·kg^{-1}。

　　不同水氮模式下，水稻的氮肥偏生产力的变化趋势一致。相同灌溉模式下，氮肥用量的增加，水稻的氮肥偏生产力呈现降低的趋势。淹灌模式下的变化幅度最大，为 69.9～117.8kg·kg^{-1}，控制灌溉模式和间歇灌溉模式下的变化幅度相对较小。不同水氮模式下的水稻氮效率见表 7.3。水分管理和氮肥用量对水稻氮肥利用率和农学效率影响极显著（$P < 0.01$）。水分管理对水稻氮肥生理利用率和氮肥偏生产力没有显著影响（$P > 0.05$），氮肥用量对两者影响极显著（$P < 0.01$）。双因素方差分析结果表明，水分管理和氮肥用量两因素对水稻氮素利用率各项指标均具有交互作用，均达到极显著性水平（$P < 0.01$）。

表 7.3　　　　　　　　　　　　不同水氮模式下的水稻氮效率

处理	秸秆含氮量 /(kg·hm^{-2})	籽粒含氮量 /(kg·hm^{-2})	水稻地上部分总吸氮量 /(kg·hm^{-2})	氮肥利用率 /%	氮肥生理利用率 /(kg·kg^{-1})	氮肥农学效率 /(kg·kg^{-1})	氮肥偏生产力 /(kg·kg^{-1})
C1N1	42.4	112.0	154.4	50.7	57.1	28.9	74.9
C1N2	40.6	102.1	142.7	54.0	70.9	38.2	97.3
C1N3	27.1	81.3	108.4	29.8	51.1	15.2	98.0
C1N4	32.8	53.2	86.0	—	—	—	—
C2N1	43.0	96.6	139.5	42.1	65.3	27.5	74.7

处理	秸秆含氮量 /(kg·hm⁻²)	籽粒含氮量 /(kg·hm⁻²)	水稻地上部分总吸氮量 /(kg·hm⁻²)	氮肥利用率 /%	氮肥生理利用率 /(kg·kg⁻¹)	氮肥农学效率 /(kg·kg⁻¹)	氮肥偏生产力 /(kg·kg⁻¹)
C2N2	35.4	109.3	144.7	59.1	62.8	37.1	97.8
C2N3	29.1	69.7	98.8	21.4	69.5	14.9	99.9
C2N4	23.8	58.9	82.7	—	—	—	—
C3N1	25.8	86.9	112.7	36.0	74.1	26.6	69.9
C3N2	23.7	90.0	113.7	47.2	68.4	32.3	87.9
C3N3	18.7	82.5	101.2	49.4	80.8	39.9	117.8
C3N4	12.3	51.9	64.1	—	—	—	—

水稻产量及构成因子与水稻氮素效率相关性分析见表7.4。水稻氮肥利用率与单位面积有效穗数及籽粒产量均达到极显著相关水平，与水稻结实率及生物产量的相关性呈显著水平。与水稻每穗总粒数及千粒重没有达到显著性相关关系。氮肥农学效率与水稻籽粒产量呈显著性相关，与其他产量构成因素没有相关性。氮肥偏生产力与水稻结实率、籽粒产量和生物产量均呈现负相关性，但没有达到显著性水平。氮肥生理利用率与水稻产量及产量构成因素均没有显著性相关关系。

表 7.4 　　　　　　　　　**水稻产量及构成因子与水稻氮素效率相关性分析**

相关系数	氮肥利用率 NUE	氮肥生理利用率 PE	氮肥农学效率 NAE	氮肥偏生产力 PEP
有效穗数	0.732**	−0.209	−0.314	0.5478
每穗总粒数	0.361	−0.401	0.140	0.291
结实率	0.762*	−0.091	0.587	−0.329
千粒重	0.053	−0.034	−0.003	0.200
籽粒产量	0.831**	0.135	0.740*	−0.416
生物产量	0.674*	0.004	0.545	−0.598

注　＊和＊＊意义同前。

以上分析表明，在产量构成因子中，单位面积有效穗数和籽粒产量对氮素利用吸收效率的影响较大，而穗粒数与千粒重的影响不明显。可见籽粒产量也是影响水稻对氮素吸收利用效率的重要因子。

7.3 小结

7.3.1 不同水氮模式对水稻水分利用效率的影响

不同的水氮管理模式对水分利用能起到很好的调节作用，适宜的氮肥水平有利于提高水分利用效率，增强水分对作物生长的有效性。本研究中，不同处理各生育阶段耗水规律基本相同，均呈现先增加后减少的趋势，分蘖期耗水量较高，主要是由于分蘖期水稻生长旺盛，需水量较高。相同灌溉模式下，不同氮肥施用量，各处理间水稻生育阶段耗水量相差不大，施肥量的增加，水稻植株长势明显优于对照，因此水稻耗水量相对有所增加。适宜的水肥条件，会使水稻植株生长旺盛，根系发达，发达的根系使水稻吸水范围加大，而使不同氮肥水平间的水分利用效率差异相对减少，尤其在高氮肥水平下。此外，相同水分管理条件下，氮肥施用量的增加，产量优势明显，因此水稻水分利用效率随着氮肥施用量的增加呈上升的趋势。可见在一定范围内，氮肥施用量增加，水分利用效率提升，但当氮肥用量达到一定水平后，不再提高产量和水分利用效率。因此，选择适宜的水肥管理模式可以有效提高作物水分利用效率。

7.3.2 不同水氮模式对水稻氮素利用率的影响

在影响水稻产量、品质和氮素利用率的诸多因素中，水和氮起着十分关键的作用。国内一些学者的研究结果也指出，水分、氮素及其互作对对水稻各生育期氮代谢酶活性和氮素吸收利用存在较大[1]。另外，张学军等[2]的研究发现，合理的水氮配比有利于提高水稻产量和氮素利用率。当水稻的水分管理合理，能够获得较高的产量，对氮肥的管理就成为主要因子。水稻产量和氮肥利用率会在合理的水肥管理模式下得到大幅度提升。本研究中，水分管理和氮肥用量对水稻氮肥利用率和农学效率影响极显著（$P < 0.01$）。

水分管理对水稻氮肥生理利用率和氮肥偏生产力没有显著影响（$P > 0.05$），氮肥用量对两者影响极显著（$P < 0.01$）。水分管理和氮肥用量两因素对水稻氮素利用率各项指标的交互作用也达到极显著性水平（$P < 0.01$）。这与大多数研究结果一

致[3-5]。水肥互作对水稻子粒产量、氮积累量、氮素利用效率、生理性状等具有显著或极显著的影响。但因为试验中灌溉方式、灌溉时间、氮肥水平不同、试验作物品种、土壤类型、气候等环境条件的差异，对水氮互作的具体机理等还有待进一步的探讨。

一般来说，施氮量和灌溉模式会深刻影响氮肥利用率。作物产量随着施氮量的增加而增加，氮肥利用率随着施氮量的增加而呈现降低的趋势。从目前黑龙江省寒地稻作来看，要提高稻田的氮素利用率，可以在保持作物高产稳产的前提下适当减少化肥的施用量。另外本研究结果也显示，不同水氮条件下，水稻的氮肥偏生产力的变化趋势一致。相同灌溉模式下，氮肥用量的增加，水稻的氮肥偏生产力呈现降低的趋势。因此，在本研究条件下，采用适宜的节水灌溉模式，适量减少氮肥施用量，既能保证产量，同时也能提高氮肥的利用率[6-8]。

参 考 文 献

［1］ 陈星，李亚娟，刘丽，等．灌溉模式与施氮水平对土壤渗滤液氮浓度动态变化的影响［J］．浙江大学学报（农业与生命科学版），2012，38（4）：438－448.

［2］ 张学军，赵营，陈晓群，等．不同水氮供应对水稻产量、吸氮量及水氮利用效率的影响［J］．中国农学通报，2010，26（4）：126－131.

［3］ 巨晓棠，张福锁，氮肥利用率的要义及其提高的技术措施［J］．科技导报，2003（4）：51－54.

［4］ Thompson T L，Doerge T A，Godin R E. Nitrogen and water inter-actions in subsurface drip－irrigated cauliflower：Ⅱ. Agronomic, e-conomic, and environmental outcomes ［J］. Soil Sci. Soc. Am. J., 2000，64（3）：412－418.

［5］ Cossani C M，Slafer G A，Savin R. Colimitation of nitrogen and wa-ter, and yield and resource－use efficiencies of wheat and barley ［J］. Crop Past. Sci. ，2010，61（10）：844－851.

［6］ 梁乾平，王孟雪，金子茗．寒地稻作水氮生产函数及其评价研究［J］．黑龙江水利，2015，1（1）：29－33.

［7］ 张忠学，张玉庆，王孟雪．寒地黑土稻作水氮耦合效应试验研究［J］．东北农业大学学报，2015，46（11）：46－55.

［8］ 王孟雪，张忠学，吕纯波，等．不同灌溉模式下寒地稻田 CH_4 和 N_2O 排放及温室效应研究［J］．水土保持研究，2016，23（2）：94－99.

第 8 章

不同灌溉模式下寒地稻田温室气体
排放模型研究

本研究基于对我国寒地稻田田间测定 N_2O 和 CH_4 的排放通量数据的统计分析，采用多种经验模型进行分析、模拟、验证，建立了不同灌溉模式下环境因子对稻田 N_2O 和 CH_4 季节排放通量估算的单因子模型和双因子交互作用统计模型，采用最小二乘法对参数进行了估算，并对模型进行了检验和应用分析。通过对寒地稻田 N_2O 和 CH_4 的排放及主要影响因子模型的研究，分析节水灌溉模式对寒地稻田 N_2O 和 CH_4 的排放规律。模型的建立为我国寒地稻田温室气体排放量精准管理提供了理论依据，是进行温室气体排放管理的有效工具。

8.1　稻田生长季 N_2O 排放通量模型的研究

8.1.1　统计分析

用 SPSS17.0 软件进行统计分析，拟合单因子和双因子交互作用模型，显著性水平 $P=0.05$，极显著水平 $P=0.01$；用 Sigmaplot 10.0 软件制作交互作用模型响应趋势面图形。模型的选择标准是：①模型和模型的拟合参数概率极显著或显著相关；②模型的残差平方和（RSS）较小，F 值较大；③模型的调整相关系数（R^2_{adj}）相对较大。N_2O 排放通量的单因子和交互作用模型见表 8.1。本书建立了两类模型来模拟寒地稻田土壤 N_2O 的排放通量。一类是单因子模型，用土壤中 NO_3^-—N 含量模拟 N_2O 排放通量的单因子模型和用地表以下 5cm 处土壤温度模拟 N_2O 排放通量的单因子模型；另一类是交互作用模型，用土壤中 NO_3^-—N 含量和土壤 5cm 处温度两因子

协同作用来模拟 N_2O 排放通量的交互作用模型。

表 8.1　　　　　　　　　　N_2O 排放通量的单因子和交互作用模型

单因子模型	交互作用模型
$f(N)=aN+b$	$f(N)=aN^2+b\text{Ln}(T)+c$
$f(N=a\text{Ln}(N)+b$	$f(N)=a\text{Ln}(N)+bT^2+c$
$f(N=aN^2+bN+c$	$f(N)=a\text{Ln}(N)^2+bT^2+c$
	$f(N)=aN+b\text{Ln}(T)+c$
$f(N)=aT+b$	
$f(N)=a\text{Ln}(T)+b$	
$f(N)=aT^2+bT+c$	

注　$f(N)$ 表示 N_2O 排放通量；N 表示土壤硝态氮含量；T 表示土壤 5cm 处温度；a、b、c 表示模型的参数，下同。

8.1.2　影响因子的筛选

稻田 N_2O 排放受众多环境因素的影响，氮肥施用是促进稻田 N_2O 排放的直接原因，温度是影响土壤微生物活性的主要因素，因此也是影响稻田 N_2O 排放的重要环境因子。本研究对日均温、土壤 5cm 处温度、NH_4^+—N、NO_3^-—N 四个影响因子与水稻生长季排放通量相关性进行分析，结果表明各耕作模式下水稻生长季 N_2O 排放通量与日均温相关性不显著（$P>0.05$），与土壤 5cm 处温度呈极显著相关关系（$R=0.612\sim0.651$，$n=80$，$P<0.01$）。土壤 NH_4^+—N 含量与 N_2O 排放通量相关性不显著，NO_3^-—N 含量与 N_2O 排放通量呈极显著相关关系（$R=0.621\sim0.680$，$n=80$，$P<0.01$），相关系数略大于 NO_3^-—N 含量与 N_2O 排放通量的相关系数，见表 8.2。众多研究表明[1,2]，N_2O 排放与温度具有显著相关性，邹建文[3] 在对南京市稻田研究中指出，稻田非淹水期 N_2O 排放与土温、气温呈极显著指数正相关。但并不是所有的研究结果都证明温度和稻田 N_2O 排放之间有相关性，秦晓波研究表明稻田 N_2O 的排放能量与温度之间没有发现显著相关性。本研究分析表明，土壤 NO_3^-—N 含量和土壤温度与 N_2O 排放通量具有极显著相关关系，可以用模型来模拟。因此，本书选择土壤 NO_3^-—N 含量和土壤温度两个影响因子与稻田 N_2O 季节排放通量进行模型拟合。

表 8.2 N_2O 排放通量与环境因子的相关关系（R）

处理模式	日均温	土壤 5cm 处温度	NH_4^+—N	NO_3^-—N
控制灌溉	0.149ns	0.612***	0.201ns	0.621***
间歇灌溉	0.718ns	0.651***	0.184ns	0.657**
淹灌	0.202ns	0.632***	0.196ns	0.680**

注   ns 为不显著；＊＊表示模型或参数的敏感性达到了显著水平；＊＊＊表示模型或参数的敏感性达到了极显著水平，下同。

8.1.3   模型结构的选择

1. 基于土壤硝态氮含量的 N_2O 排放通量单因子模型

尽管事实上在自然状态下，稻田 N_2O 的排放受控于多个环境因子，但在特定情况下，可能某个因素对稻田 N_2O 排放的影响远远大于其他因素的影响，为此建立了以土壤 5cm 处温度和土壤 NO_3^-—N 含量为主导因素的单因子模型，见表 8.3。

表 8.3   基于土壤硝态氮含量（N）的 N_2O 排放通量的模型参数

灌溉模式	模 型	参 数			残差平方和 RSS	F 值	调整的相关系数 R_{adj}^2	显著性 Sig
		a	b	c				
控制灌溉	$f(N)=aN+b$	-2.202***	13.595***		559.290	14.073	0.394	***
	$f(N)=a\mathrm{Ln}(N)+b$	-4.405***	10.184***		671.141	13.419	0.341	***
	$f(N)=aN^2+bN+c$	0.625ns	-6.120**	17.538***	590.154	8.808	0.353	***
间歇灌溉	$f(N)=aN+b$	-2.133***	13.664***		573.729	19.823	0.411	***
	$f(N)=a\mathrm{Ln}(N)+b$	-4.927***	11.132***		529.567	23.644	0.456	***
	$f(N)=aN^2+bN+c$	0.184ns	-3.307ns	14.880***	566.747	9.802	0.395	***
长期淹灌	$f(N)=aN+b$	-3.099***	12.940***		360.089	22.400	0.442	***
	$f(N)=a\mathrm{Ln}(N)+b$	-8.356ns	12.231ns		368.842	14.186	0.432	***
	$f(N)=aN^2+bN+c$	0.113***	-3.782***	13.843***	361.682	10.795	0.420	***

在不考虑土壤温度的影响下，用线性模型、对数模型和二次项模型模拟稻田 N_2O

排放通量和土壤 $NO_3^- - N$ 含量之间的关系。三种灌溉模式的三类拟合模型的调整相关系数 R_{adj}^2 在 0.341~0.456 之间，相关关系均达到了极显著水平（$P < 0.01$）。间歇灌溉模式的对数模型参数敏感性达到了极显著水平，RSS 最大，F 值最高，所以间歇灌溉的最优模型为对数模型（$R_{adj}^2 = 0.456$）。控制灌溉和长期淹灌的最优模型为线性模型（R_{adj}^2 分别为 0.394 和 0.442）。比较三种灌溉模式的最优模型，间歇灌溉的相关系数的概率值最高，比控制灌溉和淹灌模式的模型略优。

2. 基于土壤温度的 N_2O 排放通量的单因子模型

同样，分别用线性模型、对数模型和二次项模型拟合了 N_2O 排放通量和土壤 5cm 处温度之间的关系（表 8.4）。所有模型都通过了显著性检验，达到了极显著水平（$P < 0.01$）调整相关系数 R_{adj}^2 在 0.331~0.462 之间。三种灌溉模式中三类模型的拟合度 R_{adj}^2 相差都不大，证明每个模型都能很好地根据土壤温度变化估算 N_2O 的排放。从模型对数据的解释力（R_{adj}^2）来看，控制灌溉模式的最优模型为对数方程（$R_{adj}^2 = 0.359$），间歇灌溉的最优模型为二次项方程（$R_{adj}^2 = 0.462$），长期淹灌的最优模型为一次线性方程（$R_{adj}^2 = 0.374$）。总体来说，在单因子模型拟合中，间歇灌溉模式的模型模拟效果最好，其次为长期淹灌模式，控制灌溉模式模拟效果最弱。

表 8.4　　　　　　　　基于土壤温度（T）的 N_2O 排放通量的模型参数

灌溉模式	模　型	参　数			残差平方和 RSS	F 值	调整的相关系数 R_{adj}^2	显著性 Sig
		a	b	c				
控制灌溉	$f(N) = aT + b$	0.903***	−11.359**		863.525	15.575	0.351	***
	$f(N) = a\mathrm{Ln}(T) + b$	15.060***	−37.844**		852.896	16.093	0.359	***
	$f(N) = aT^2 + bT + c$	−0.020ns	1.601ns	−16.952ns	858.504	7.605	0.329	***
间歇灌溉	$f(N) = aT + b$	0.692***	−7.564ns		582.722	10.712	0.402	***
	$f(N) = a\mathrm{Ln}(T) + b$	9.416***	−21.403ns		650.941	14.388	0.331	***
	$f(N) = aT^2 + bT + c$	0.034**	−0.471***	1.072**	544.522	19.116	0.462	***
长期淹灌	$f(N) = aT + b$	0.786***	−12.563**		352.428	15.957	0.374	***
	$f(N) = a\mathrm{Ln}(T) + b$	13.924***	−38.113ns		417.248	14.538	0.351	***
	$f(N) = aT^2 + bT + c$	0.036ns	−0.599ns	0.079ns	387.262	8.396	0.372	***

3. 基于土壤温度、$NO_3^- - N$ 含量的 N_2O 排放通量的交互作用模型

单一因子虽然可以在一定程度上反映 N_2O 排放的相对状况，但是难以反映 N_2O 排放的实质，土壤温度、$NO_3^- - N$ 含量都是影响 N_2O 排放的主要因子，两者相互影响，协同作用，制约着 N_2O 的排放。本书采用表 8.5、表 8.6 模型拟合了 N_2O 排放通量与土壤温度、$NO_3^- - N$ 含量之间的关系，其拟合度 R_{adj}^2 明显提高。交互作用模型比任何单因子模型能更好地预测 N_2O 的排放，其解释力在 38.9%～63.3%，土壤肥、温对 N_2O 的排放有显著影响，所有模型均达到了极显著水平。控制灌溉的最优模型为 $f(N) = aN^2 + b\mathrm{Ln}(T) + c$，解释力为 54.0%；间歇灌溉的最优模型为 $f(N) = a\mathrm{Ln}(N) + bT^2 + c$，解释力为 63.2%；淹灌模式的最优模型为 $f(N) = aN^2 + bT^2 + cN + dT + e$，解释力为 60.2%；间歇灌溉的拟合度最高。

表 8.5　基于土壤温度 (T)、$NO_3^- - N$ 含量 (N) 的 N_2O 排放通量的模型参数

灌溉模式	模　型	参　数				
		a	b	c	d	e
控制灌溉	$f(N) = aN^2 + b\mathrm{Ln}(T) + c$	−0.249***	14.448***	−31.909**		
	$f(N) = a\mathrm{Ln}(N) + bT^2 + c$	−2.347[ns]	0.021***	0.281[ns]		
	$f(N) = aN + b\mathrm{Ln}(T) + c$	−1.554[ns]	13.706[ns]	−28.120[ns]		
	$f(N) = aN^2 + bT^2 + cN + dT + e$	−0.340[ns]	−0.017**	0.572**	1.488[ns]	−12.385[ns]
间歇灌溉	$f(N) = aN^2 + b\mathrm{Ln}(T) + c$	−0.228***	6.561***	−9.463[ns]		
	$f(N) = a\mathrm{Ln}(N) + bT^2 + c$	−3.405***	0.014***	3.767[ns]		
	$f(N) = aN + b\mathrm{Ln}(T) + c$	6.602[ns]	−1.533[ns]	−7.699[ns]		
	$f(N) = aN^2 + bT^2 + cN + dT + e$	−0.177***	0.040**	−0.386[ns]	−0.873[ns]	10.550[ns]
长期淹灌	$f(N) = aN^2 + b\mathrm{Ln}(T) + c$	−0.384***	5.138[ns]	−7.757[ns]		
	$f(N) = a\mathrm{Ln}(N) + bT^2 + c$	−6.160***	0.011**	5.191[ns]		
	$f(N) = aN + b\mathrm{Ln}(T) + c$	−2.445***	5.430**	−5.225[ns]		
	$f(N) = aN^2 + bT^2 + cN + dT + e$	−0.140***	0.053***	−1.571**	−1.650**	20.183[ns]

表 8.6　基于土壤温度（T）、$NO_3^- - N$ 含量（N）的 N_2O 排放通量的模型检验表

灌溉模式	模型	残差平方和 RSS	F 值	调整的相关系数 R_{adj}^2	显著性 Sig
控制灌溉	$f(N)=aN^2+b\text{Ln}(T)+c$	635.721	14.651	0.540	***
	$f(N)=a\text{Ln}(N)+bT^2+c$	780.761	9.607	0.389	***
	$f(N)=aN+b\text{Ln}(T)+c$	650.192	14.046	0.491	***
	$f(N)=aN^2+bT^2+cN+dT+e$	631.637	6.820	0.463	***
间歇灌溉	$f(N)=aN^2+b\text{Ln}(T)+c$	471.748	14.2928	0.496	***
	$f(N)=a\text{Ln}(N)+bT^2+c$	372.605	21.422	0.632	***
	$f(N)=aN+b\text{Ln}(T)+c$	430.660	15.284	0.524	***
	$f(N)=aN^2+bT^2+cN+dT+e$	351.865	10.774	0.592	***
长期淹灌	$f(N)=aN^2+b\text{Ln}(T)+c$	339.551	12.314	0.496	***
	$f(N)=a\text{Ln}(N)+bT^2+c$	292.205	8.710	0.566	***
	$f(N)=aN+b\text{Ln}(T)+c$	321.148	13.736	0.524	***
	$f(N)=aN^2+bT^2+cN+dT+e$	268.026	16.334	0.602	***

8.1.4　模型的检验

采用 2015 年实验数据对三种灌溉模式的单因子和交互作用最优模型进行检验，见表 8.7。采用平均预测误差 MPE 和调整的相关系数 R_{adj}^2 对模型的预测精度进行检验，所有模型都通过了显著性检验，达到了极显著水平（$P<0.01$）。模型的平均预测误差在 17.52%～27.46%，调整相关系数 R_{adj}^2 在 0.412～0.643。结果表明，模型的计算值与实测值符合程度较好，模型具有较好的适切性。

$$MPE = \frac{100}{n} \sum_{i=1}^{n} \frac{|Y_{i测定值} - Y_{i计算值}|}{Y_{i测定值}}$$

$MPE=$ 计算值－测定值的绝对值除以测定值之和再除以测定个数。

表 8.7 三种灌溉模式的最优模型的检验结果

灌溉模式	模 型	平均预测误差 MPE/%	调整的相关系数 R_{adj}^2	显著性 Sig
控制灌溉	$f(N)=aN+b$	27.46	0.412	
	$f(N)=a\mathrm{Ln}(T)+b$	25.84	0.431	
	$f(N)=aN^2+b\mathrm{Ln}(T)+c$	17.52	0.612	
间歇灌溉	$f(N)=a\mathrm{Ln}(N)+b$	27.21	0.445	
	$f(N)=aT^2+bT+c$	20.43	0.513	$* \ * \ *$
	$f(N)=aN^2+b\mathrm{Ln}(T)+c$	19.24	0.643	
淹灌	$f(N)=aN+b$	22.58	0.476	
	$f(N)=aT+b$	24.96	0.398	
	$f(N)=a\mathrm{Ln}(N)^2+bT^2+c$	20.21	0.607	

8.2 稻田生长季 CH₄ 排放通量模型的研究

8.2.1 模型结构的选择

8.2.1.1 基于土壤硝态氮含量的 CH₄ 排放通量单因子模型

在不考虑土壤温度的影响下，用线性模型、对数模型、幂函数模型和三次方模型模拟稻田 CH₄ 排放通量和土壤 NO_3^-—N 含量之间的关系，见表 8.8。三种灌溉模式拟合模型的调整相关系数 R_{adj}^2 为 0.219~0.534，相关关系均达到了极显著水平（$P<0.01$）。长期淹灌模式的幂函数模型的参数敏感性达到了极显著水平，RSS 最小，F 值最高，所以长期淹灌的最优模型为幂函数模型（$R_{adj}^2=0.534$）。综合考虑参数的敏感性、RSS、F 值及 R_{adj}^2 后，控制灌溉和间歇淹灌的最优模型确定为三次方模型（$R_{adj}^2=0.467$）。比较三种灌溉模式的最优模型，淹灌模式的相关系数的概率值最高，比控制灌溉和间歇灌溉的模型略优。

表 8.8　基于土壤 NO_3^--N 含量 (N) 的 CH_4 排放通量的模型参数

灌溉模式	模　型	参　数				残差平方和 RSS	F 值	调整的相关系数 R^2_{adj}	显著性 Sig
		a	b	c	d				
控制灌溉	$f(N)=aN+b$	-8.328^{***}	63.605^{***}			14796.018	10.445	0.259	$***$
	$f(N)=aLn(N)+b$	-17.599^{***}	51.754^{**}			14284.451	11.750	0.285	$***$
	$f(N)=aE(bN)$	75.519^{ns}	-3.94^{***}			40.448	8.554	0.219	$***$
	$f(N)=aN^3+bN^2+cN+d$	1.904^{***}	-14.267^{**}	14.598^{**}	63.470^{***}	134.908	8.871	0.467	$***$
间歇灌溉	$f(N)=aN+b$	-8.631^{***}	60.931^{**}			12513.424	14.884	0.340	$***$
	$f(N)=aLn(N)+b$	-21.560^{***}	52.308^{**}			10454.825	22.934	0.448	$***$
	$f(N)=aE(bN)$	77.829^{ns}	-0.468^{***}			36.733	14.923	0.340	$**$
	$f(N)=aN^3+bN^2+cN+d$	-1.301^{**}	15.907^{*}	-62.968^{***}	101.461^{***}	123.399	8.884	0.467	$***$
淹灌	$f(N)=aN+b$	-21.233^{***}	104.040^{***}			21821.874	17.452	0.379	$***$
	$f(N)=aLn(N)+b$	-58.376^{***}	100.279^{***}			21573.832	17.952	0.386	$***$
	$f(N)=aE(bN)$	363.903^{***}	-0.981^{***}			25.419	31.985	0.534	$***$
	$f(N)=aN^3+bN^2+cN+d$	-2.006^{ns}	21.435^{ns}	-91.560^{ns}	172.668^{ns}	357.328	5.661	0.341	$***$

8.2.1.2 基于土壤温度的 CH_4 排放通量的单因子模型

同样，分别用线性模型、对数模型、指数模型和三次方模型拟合了 CH_4 排放通量和土壤 10cm 处温度之间的关系，表 8.9。所有模型都通过了显著性检验，达到了极显著水平（$P < 0.01$），调整相关系数 R_{adj}^2 为 0.135～0.613。三种灌溉模式中三类模型的拟合度 R_{adj}^2 相差较大。从模型的参数、RSS、F 值、R_{adj}^2 和显著性综合考虑，三种灌溉模式的最优模型都为三次方模型，其中控制灌溉的调整相关系数最大（$R_{adj}^2 = 0.613$），间歇灌溉次之（$R_{adj}^2 = 0.488$），淹灌模式最小（$R_{adj}^2 = 0.387$）。

8.2.1.3 基于土壤温度、NO_3^-—N 含量的 CH_4 排放通量的交互作用模型

本研究采用表 8.8、表 8.9 中的模型拟合了 CH_4 排放通量与土壤温度、NO_3^-—N 含量之间的关系，见表 8.10、表 8.11。结果表明交互作用拟合度（R_{adj}^2）明显高于单因子模型，交互作用模型比任何单因子模型能更好地预测 CH_4 的排放，其解释力在 34.0%～71.5%，土壤肥、温对 CH_4 的排放有显著影响，所有模型均达到了极显著水平（$P < 0.01$）。综合考虑得出，控制灌溉的最优模型为 $f(N) = \mathrm{E}\left(a + \dfrac{bN}{T}\right)$，解释力为 71.5%；间歇灌溉的最优模型为 $f(N) = aN^3 + bT^3 + cN^2 + dT^2 + eN + fT + g$，解释力为 53.6%；长期淹灌的最优模型为 $f(N) = \mathrm{E}\left(a + \dfrac{bN}{T}\right)$，解释力为 57.6%；控制灌溉的拟合度最高。

8.2.2 模型的检验

采用 2015 年实验数据对三种灌溉模式的单因子和交互作用最优模型进行检验。采用平均预测误差 MPE 和调整的相关系数 R_{adj}^2 对模型的预测精度进行检验。所有模型都通过了显著性检验，达到了极显著水平（$P < 0.01$）。三种灌溉模式的最优模型检验结果见表 8.12。

$$MPE = \frac{100}{n} \sum_{i=1}^{n} \frac{\left| Y_{i\text{测定值}} - Y_{i\text{计算值}} \right|}{Y_{i\text{测定值}}}$$

模型的平均预测误差在 13.53%～24.78%，调整相关系数 R_{adj}^2 在 0.399～0.675 之间。结果表明，模型的计算值与实测值符合程度较好，模型具有较好的适切性。

表 8.9　基于土壤温度（T）的 CH_4 排放通量的模型参数

灌溉模式	模　型	参　　数				残差平方和 RSS	F 值	调整的相关系数 R_{adj}^2	显著性 Sig
		a	b	c	d				
控制灌溉	$f(N)=aT+b$	3.047^{***}	-28.504^{ns}			14846.101	10.322	0.257	$***$
	$f(N)=a\text{Ln}(T)+b$	47.819^{***}	-108.947^{**}			15417.700	8.975	0.228	$***$
	$f(N)=aT^b$	0.001^{ns}	3.527^{***}			24.807	15.236	0.521	$***$
	$f(N)=aT^3+bT^2+cT+d$	0.152^{***}	-7.886^{***}	132.251^{***}	-682.337^{***}	140.532	30.339	0.613	$***$
间歇灌溉	$f(N)=aT+b$	2.790^{***}	-24.759^{ns}			12714.429	14.237	0.329	$***$
	$f(N)=a\text{Ln}(T+b)$	36.923^{***}	-77.521^{**}			14137.505	10.187	0.254	$***$
	$f(N)=aT^b$	0.019^{ns}	2.274^{***}			36.807	9.575	0.3393	$***$
	$f(N)=aT^3+bT^2+cT+d$	0.035^{***}	-1.559^{**}	22.363^{**}	-86.908^{ns}	156.606	14.841	0.488	$***$
淹灌	$f(N)=aT+b$	3.403^{*}	-27.336^{ns}			29828.600	5.789	0.151	$***$
	$f(N)=a\text{Ln}(T)+b$	57.294^{*}	-128.828^{ns}			30368.942	5.223	0.135	$***$
	$f(N)=aT^b$	0.001^{***}	3.257^{ns}			36.975	6.688	0.323	$***$
	$f(N)=aT^3+bT^2+cT+d$	0.169^{***}	-9.345^{***}	167.281^{***}	-921.248^{***}	163.841	13.863	0.387	$***$

表 8.10　基于土壤温度（T）、NO_3^-—N 含量（N）的 CH₄ 排放通量的模型参数

灌溉模式	模型	参数						
		a	b	c	d	e	f	g
控制灌溉	$f(N)=aN^3+bT^3+cN^2+eN+fT+g$	3.070***	0.010***	−29.725***	—	72.922***	−7.314**	61.769**
	$f(N)=E(a+b*N/T)$	4.762***	−9.302***					
	$f(N)=aN+bT+c$	−7.269***	2.656***	6.074[ns]				
间歇灌溉	$f(N)=aN^3+bT^3+cN^2+dT^2+eN+fT+g$	0.189***	0.017***	−0.693**	−0.661***	−7.572***	8.906**	−0.216[ns]
	$f(N)=E(a+b*N/T)$	3.603***	−3.913***					
	$f(N)=aN+bT+c$	−6.261***	1.987***	13.130[ns]				
长期淹灌	$f(N)=E(a+b*N/T)$	4.739***	−10.564***					
	$f(N)=aN^3+bT^3+cN^2+eN+fT+g$	0.214[ns]	0.006[ns]	−1.886[ns]	—	−13.522[ns]	−4.938[ns]	138.397[ns]
	$f(N)=aN+bT+c$	−18.748***	1.196[ns]	72.169[ns]				

表 8.11　基于土壤温度（T）、NO_3^-—N 含量（N）的 CH₄ 排放通量的模型检验表

灌溉模式	模型	残差平方和 RSS	F 值	调整的相关系数 R^2_{adj}	显著性 Sig
控制灌溉	$f(N)=aN^3+bT^3+cN^2+eN+fT+g$	173.353	13.240	0.694	0.000
	$f(N)=E(a+b*N/T)$	14.778	68.575	0.715	0.000
	$f(N)=aN+bT+c$	10414.216	12.394	0.458	0.000
间歇灌溉	$f(N)=aN^3+bT^3+cN^2+eN+fT+g$	100.166	15.491	0.536	0.001
	$f(N)=E(a+b*N/T)$	36.230	6.200	0.349	0.001
	$f(N)=aN+bT+c$	9521.207	13.333	0.477	0.000
淹灌	$f(N)=E(a+b*N/T)$	23.147	37.679	0.576	0.000
	$f(N)=aN^3+bT^3+cN^2+dN+eT+f$	112.992	3.782	0.340	0.013
	$f(N)=aN+bT+c$	21201.933	9.001	0.372	0.001

表 8.12   三种灌溉模式的最优模型检验结果

灌溉模式	最优模型	平均预测误差 $MPE/\%$	调整的相关系数 R^2_{adj}	显著性 Sig
控制灌溉	$f(N)=aN^3+bN^2+CN+d$	24.78	0.429	＊＊＊
	$f(N)=aT^3+bT^2+CT+d$	15.34	0.399	＊＊＊
	$f(N)=E(a+b*N/T)$	18.52	0.652	＊＊＊
间歇灌溉	$f(N)=aN^3+bN^2+CN+d$	23.11	0.456	＊＊＊
	$f(N)=aT^3+bT^2+CT+d$	18.43	0.397	＊＊＊
	$f(N)=aN^3+bT^3+cN^2+dT^2+eN+fT+g$	15.24	0.675	＊＊＊
长期淹灌	$f(N)=aE(bN)$	16.58	0.476	＊＊＊
	$f(N)=aT^3+bT^2+T+d$	20.46	0.416	＊＊＊
	$f(N)=E(a+b*N/T)$	13.53	0.625	＊＊＊

8.3   小结

除灌溉模式外，稻田 N_2O 及 CH_4 排放通量模型也受其他因素的影响，如肥料类型、土壤理化性质、农作管理措施等。我国寒地水稻种植区面积较大，氮肥施用种类复杂，施用方式多样。同时，为了保护环境，实现可持续发展要求，寒地水稻氮肥的施用正在从单一种类氮肥向多种化学肥料混合施用，传统肥料与控释肥料配合施用，化肥与有机肥、绿肥配施用等多种方式转化。肥料施用种类、施用方式等的改变都会不同程度地改变土壤硝化和反硝化过程，进而影响稻田土壤 N_2O 和 CH_4 的排放规律及排放量[5-8]。因此，模型拟合结果存在着不确定性。

寒地水稻土壤类型复杂，有白浆土、草甸土、沼泽土和黑土等。土壤类型不同，土壤的 pH 值和质地亦不同。土壤 pH 值直接影响土壤微生物的种类、数量及酶活性。土壤通透性对 N_2O 和 CH_4 在土壤中的传输和扩散速率有一定影响[9]。王小治等在对中性土壤硝化过程 N_2O 释放的研究发现，硝化活性与土壤 pH 值呈正相关，pH 值升高增加了土壤 N_2O 的释放[10]。关于 pH 值变化对不同农田土壤类型 N_2O 排放的影响规律可能不同，但都增加了模型估算的不确定性。目前土壤类型对稻田 N_2O 排放的影响研究较少。

水稻品种不同，其根系大小和活力存在差异，决定着 N_2O 和 CH_4 从土壤向大气传输的速率；同时不同品种水稻的地上分蘖、干物质重及产量等也不同，对 N_2O 排放速率亦不同，这些因素都影响着 N_2O 和 CH_4 的季节排放量，从而增加了模型的不确定性。

此外，数据是建立模型的基础，理论上数据测定应尽可能多次，以便能检测到 N_2O 排放随时间的变化特征。本研究采用的是静态箱法，在每年的 5—9 月于水稻生长的各主要生育阶段采集气体样品，全生育期共采集 20 次，试验在遇到特殊天气情况时推迟取样。与自动采样观测系统相比，静态箱法采样可能遗漏掉 N_2O 和 CH_4 排放的部分峰值。因此，本研究中模型拟合结果的不确定性仍然较大。

参 考 文 献

［1］　卢燕宇，黄耀，郑循华. 农田氧化亚氮排放系数的研究 ［J］. 应用生态学报，2005，16（7）：1299－1302.

［2］　李虎，邱建军，高春雨，等. 基于 DNDC 模型的环渤海典型小流域农田氮素淋失潜力估算 ［J］. 农业工程学报，2012，28（13）：127－134.

［3］　邹建文，焦燕，王跃思，等. 稻田 CH_4、N_2O 和 CO_2 排放通量分析方法研究 ［J］. 南京农业大学学报，2002，25（4）：45－48.

［4］　Singh J S, Gupta S R. Plant decomposition and soil respiration in terrestrial ecosystems ［J］. Botanical Review，1997，43：449－528.

［5］　蔡祖聪，徐华，马静. 稻田生态系统 CH_4 和 N_2O 排放 ［M］. 合肥：中国科学技术大学出版社，2009.

［6］　李茂柏，曹黎明，等. 水稻节水灌溉技术对甲烷排放影响的研究进展 ［J］. 作物杂志，2010，6：99－102.

［7］　徐华，蔡祖聪，李小平. 土壤 Eh 值和温度对稻田甲烷排放季节变化的影响 ［J］. 农业环境保护，1999，18（4）：145－149.

［8］　徐华，蔡祖聪，李小平. 冬作季节土地管理对水稻土 CH_4 排放季节变化的影响 ［J］. 应用生态学报，2000，11（2）：215－218.

［9］　叶丹丹，谢立勇，郭李萍，等. 华北平原典型农田 CO_2 和 N_2O 排放通量及其与土壤养分动态和施肥的关系 ［J］. 中国土壤与肥料，2011（3），15－20.

［10］　王小治，孙伟，王子波，等. pH 值变化对中性土壤硝化过程 N_2O 释放的影响 ［J］. 农业环境科学学报，2009，28（8）：1748－1752.

第9章

结 论 与 讨 论

9.1 主要研究结论

本研究对黑龙江省寒地稻田不同水氮模式下稻田 CO_2、CH_4 和 N_2O 的排放特征和相关的影响因子进行了定位观测研究，初步明确了主要气象因子、稻田环境因子、土壤因子和生物因子对三种温室气体产生和排放的影响，并分析了稻田 CO_2、CH_4 和 N_2O 排放与各因子的关系。同时分析了水氮互作条件下水稻产量及全生育期耗水量，并在此基础上综合分析了水氮因子对寒地稻田水氮利用效率和全球增温潜势（GWP）的交互作用[1]。

所取得的主要研究结论如下：

（1）无论哪种水氮管理模式，CH_4 排放通量的峰值均出现在分蘖期、拔孕期和抽开期三个阶段，氮肥施用量的改变没有对 CH_4 排放通量产生显著性的影响。控制灌溉处理和间歇灌溉处理的 CH_4 排放通量变化幅度均小于淹灌模式。在水稻生育前期及后期 CH_4 排放通量很小，返青期及收获期后没有检测出 CH_4 浓度。在控制灌溉和间歇灌溉模式下，各处理的 CH_4 的累积排放量变化较小。相同肥力水平下，淹灌处理的 CH_4 的累积排放量均高于控制灌溉和间歇灌溉处理。CH_4 的季节累积排放量与土壤 pH 值之间相关性较小，与土壤 NO_3^-—N 含量无显著相关关系，与土壤 NH_4^+—N 含量具有显著或极显著相关性。CH_4 排放受气象因素影响较强，日均温较高的时段也是 CH_4 排放最为集中的时段。CH_4 排放与土壤 Eh 值呈极显著负相关关系，与 5cm 深土壤温度及稻田水层深度均呈极显著相关关系。

（2）从水稻整个生育期来看，N_2O 排放的高峰均出现在分蘖、晒田—拔孕期两个阶段，而返青—分蘖初期及后期晒田阶段的排放量相对较低。在水稻生育阶段前期，N_2O 排放都处于较低水平，泡田期几乎无 N_2O 排放。穗肥施用后 N_2O 的排放量略有增加，出现了一个小的排放高峰。从分蘖期开始，N_2O 的排放量均有小幅上升，并在晒田之后的复水期又迅速上升至最高峰。水分管理及氮肥用量分别对水稻生长季节 N_2O 平均排放通量和季节累积排放量影响极显著（$p < 0.01$）二者对水稻生长季节 N_2O 平均排放通量和季节累积排放量均具有交互作用。间歇灌溉模式明显增加了稻田 N_2O 的排放。稻田 N_2O 排放通量通量与土壤 NH_4^+—N 含量、NO_3^-—N 含量之间没有发现明显的相关性。C1N2 处理的 N_2O 通量与土壤 pH 值呈现显著负相关，C3N1 处理的 N_2O 通量与土壤 pH 值显著正相关，其他处理均无相关性。N_2O 排放与土壤 EH 值呈极显著负相关关系，与 5cm 深土壤温度呈极显著相关关系，与水层深度间的相关关系未达到显著性水平。

（3）稻田 CO_2 排放通量全生育期内规律相似，均在分蘖期与拔节孕穗期出现排放高峰，而在其他生育阶段排放较小，但在水稻收获期有小幅上升。水分管理模式对水稻全生育期 CO_2 通量均值及累计排放量没有产生规律性的影响。相同的施肥水平下，控制灌溉及间歇灌溉模式下的 CO_2 累积排放量相对淹灌状态有所下降。水分管理和氮肥用量两因素对水稻生长季节 CO_2 排放平均通量和季节累积排放量均具有交互作用。气象因子也是影响稻田 CO_2 排放的重要因素，各处理 CO_2 排放通量与土壤环境因子之间没有明显的相关性。CO_2 排放通量与 5cm 深土壤温度呈极显著相关关系，与水层深度相关性不大。受水稻生物因素影响较强，与水稻地上部分生物量呈极显著相关性。植株的呼吸作用在稻田 CO_2 排放过程中产生很大的影响。

（4）节水灌溉模式配合氮肥施用能显著增加水稻产量，单从灌溉模式来看，对水稻产量的影响不显著。控制灌溉模式下，氮肥施用量的增加能显著增加水稻产量。水肥互作主要通过影响有效穗数来影响产量，无论哪种灌溉模式，施氮量增加均能使单位面积有效穗数提高。水稻秸秆产量和生物产量与实际籽粒产量的变化趋势一致。相同灌溉模式下，秸秆产量随着施氮量的增加而呈上升趋势。灌溉模式对水稻秸秆产量的影响较小。各处理水稻收获指数并没有表现出和产量相似的规律性。不同水氮处理单位产量 CO_2 排放量变化表现出较为复杂的特性，没有发现规律性特征。灌溉模式对单位产量 CH_4 排放量及单位产量 N_2O 排放量产生一定影响。

（5）水氮互作对水稻水氮利用效率产生一定影响。在氮肥用量相同时，水稻灌溉水生产率和水分利用效率的规律一致，依次为：控制灌溉＞间歇灌溉＞淹灌。相同水分管理条件下水稻水分利用效率随着氮肥施用量的增加呈上升的趋势。在一定范围内，氮肥施用量增加，水分利用效率提升，但当氮肥用量到一定水平后，不再提高产量和水分利用效率。灌溉模式对水稻氮肥利用率没有规律性的变化。同一灌溉模式下，施肥量的变化对水稻氮肥利用率影响较大。淹灌模式下，随着施肥量的增加，氮肥利用率逐渐降低。水氮因素对水稻的氮肥生理利用率的影响没有发现明显的规律性特征。水稻农学利用效率的变化特征与氮肥利用率的特征相似，氮肥偏生产力的变化趋势一致。相同灌溉模式下，氮肥用量的增加，水稻的氮肥偏生产力呈现降低的趋势。水分管理和氮肥用量两因素对水稻氮素利用率各项指标均具有显著交互作用。

（6）稻田排放的 CH_4 产生的温室气体效应高于排放 CO_2 和 N_2O 两种气体产生的温室气体效应。CH_4 产生的温室气体效应在总体增温潜势中占的贡献率在 71% 以上，CH_4 产生的温室气体效应是 CO_2 和产生的温室效应的 3.28 倍，是 N_2O 气体产生的温室效应的 76.4 倍。从全球增温潜势分析，相同灌溉模式下，不同氮肥用量处理的总体温室效应差异很小。灌溉模式对总体增温潜势具有一定的影响，淹灌模式下 GWP 相对于控制灌溉模式和间歇灌溉模式有所上升。间歇灌溉模式下中等肥力处理的稻田总体温室效应最低。

（7）针对黑龙江寒地稻作区的气候特点，建立了控制灌溉、间歇灌溉及淹灌模式下的稻田生长季 N_2O 和 CH_4 排放通量的模型。模型可以根据土壤硝态氮含量和温度单因子或双因子模拟预测寒地水稻 N_2O 及 CH_4 季节排放通量。模型的参数少，应用方便，实用性较强，可以为黑龙江寒地水稻生产的温室气体 N_2O 的排放管理调控提供决策支持。

节水灌溉模式配合适宜氮肥施用量，既能增加水稻产量，提升水氮利用效率，同时也能有效地降低 CO_2、CH_4 和 N_2O 的总体温室效应。在黑龙江寒地稻作区，应综合考虑产量及稻田温室效应，对节水灌溉模式给予高度重视。

9.2 主要创新

通过对水稻全生育期的稻田三种温室气体（CO_2、CH_4 和 N_2O）排放量进行田间定位观测，得出了黑龙江省寒地稻田三种温室气体的排放规律，明确了寒地稻田生长期间稻田 CO_2、CH_4 和 N_2O 的排放特点和影响因子。

将水分管理与施肥管理相结合，综合研究水肥耦合互作关系对黑龙江省寒地稻田 CO_2、CH_4 和 N_2O 排放的影响，克服了以往研究中因忽略水分耦合关系对稻田 CO_2、CH_4 和 N_2O 排放影响的不确定性。

将水稻产量及产量构成因子、水氮利用效率和 CO_2、CH_4 和 N_2O 的温室效应综合研究，探明了保证水稻产量的前提下，提升水氮利用率，降低稻田总体增温潜势的水肥互作模式。

9.3　不足与展望

1. 存在的不足

在两年试验过程中，出现了一些不足之处：

（1）本试验中在大田采用静态暗箱—气相色谱法观测稻田温室气体的通量存在一定的弊端。稻田温室气体的排放需要在田间进行连续的观测，而在大田试验中由于环境条件限制导致采样工作的连续性较差。在水稻各生育阶段采集1~2次的数据得出的结果，会给估算稻田温室气体的季节排放总量带来一定的不确定性。

（2）本研究试验站距离样品检测地点较远，土壤样品在运输过程中虽然进行了冷藏处理，但受温度的影响，计算结果会有一定误差。

（3）本研究中土壤的相关指标测定不够全面，这对深入系统地研究土壤相关指标对 CO_2、CH_4 和 N_2O 排放的影响还存在一定的欠缺。对土壤相关指标的测定还需进一步完善，应进行长期连续的采样和分析。

2. 展望

黑龙江省寒地稻作已开始逐渐改变传统的蓄水淹灌方式，采取水稻生长前期淹水、中期烤田、后期干湿交替、末期排干的节水灌溉管理方式。稻田复杂的土壤水肥变化状况影响稻田土壤中的养分及微生物的动态变化，也影响了稻田温室气体的积累和向大气的传输。

在未来的研究之中，应注重综合环境减排水肥模式，在获得相同产量的前提下，合理的水肥模式具有减排优势，但 *GWP* 的总体温室效应还要进一步研究。土壤和环境因子是影响稻田温室气体排放的主要因素，因此应进一步研究稻田温室气体排放的影响机理。通过对稻田 CO_2 排放量的计算，寻求适合于东北寒地稻田生态类型下的温室气体源排放和汇吸收的模型，以期为估算地区水平上的温室效应提供科学参考。

不同水肥条件下稻田土壤养分循环特性及其微生物学特性有所不同，温室气体产生底物及其驱动机制的不同导致温室气体产生和排放量不同，需进一步开展土壤碳氮迁移转化过程与温室气体排放过程的微生物学关联机制试验，进而从机理方面来揭示不同水肥因子对稻田温室气体排放的影响。

参 考 文 献

［1］　王孟雪. 东北寒地稻作水氮互作的温室气体排放特征研究［D］. 哈
　　　尔滨：东北农业大学，2016.

下篇

寒地稻田水肥资源利用及
水分生产函数研究

第 10 章

绪　　论

10.1　研究目的与意义

　　21世纪，水作为一种宝贵而稀缺的自然资源与战略资源，与人们的生产生活活动密切相关，水资源短缺已经成为世界各国关注的重大问题。因此，通过实现水资源的可持续利用和合理转化是人类未来生存与发展的必由之路[1]。

　　对于我国来说，多年来一直面临着水资源时空分布不均等问题。从东海之滨到西北荒漠，水资源总量相差悬殊。美国学者Brown L R等指出中国的水资源在国内外发挥着至关重要的作用，一旦短缺将会严重影响中国的经济发展，也会动摇世界的粮食安全[2]。我国作为农业大国，人口众多，淡水资源人均占有量不足 $1800m^3$，居世界第109位，仅为世界平均水平的28%，已被联合国认定为世界14个缺水国家之一。其中，农业是用水的大户，占水资源总量的60%以上，但是灌溉水利用效率仅为50%左右，远远低于发达国家的70%~80%，因此农业节水潜力巨大[3]。近年来，农业节水理论与技术已渐渐成为农业、水利、生态学领域重要的研究课题。特别是针对水资源分配不平衡、水土资源匹配不均、水土流失严重等问题。除此之外，在干旱与半干旱地区，当水资源不能满足其需求时，大量投入化肥，又存在肥料利用率低等问题[4]。因此，通过农业节水技术的理论与研究，在不降低作物产量的同时能够达到节水节肥、降低投入成本的效果，对于提高区域水分与肥料的利用效率具有重要意义。

　　近年来，随着城镇化的步伐加快，在2000—2008年的8年间，我国耕地面积以每年5%的速度逐年递减[5]。受气候、自然等灾害影响，在1990—2009年的20年间，我国农田受灾面积增加 $0.874 \times 10^7 hm^2$，成灾面积增加 $2.065 \times 10^7 hm^2$[6]。这些都严重制约了我国农业生产力水平的提高，加剧了我国主要粮食作物产量的波动性和不稳定性[7]。

　　伴随着科技的进步，我国目前已推广多种比较成功的农业节水技术，主要有水肥耦合技术、波涌灌溉技术、覆膜灌溉技术、喷灌技术、微灌技术、化控节水技术、农艺节水技术、渠道防渗技术等。但如何将这些技术联合起来运用，促进农业节水技术向着定量化、规范化、模式化、集成化和可持续化发展，形成节水农业的跨越式发展，从而提高水的利用率与利用效率，值得深入的研究[8]。

水稻是我国主要的粮食作物，主要分布在东北地区、长江流域和珠江流域，种植面积超过 3000 万 hm^2，居世界第二位，每年可生产 4 亿 t，居世界第一位，养活了世界近三分之一的人口[9]。但是在生长过程中存在灌水粗放、降雨不均等问题，导致水稻耗水占农业用水的 90% 以上。目前我国平均灌溉定额达 9000m^3/hm^2，水分利用效率不足 1kg·m^{-3}，还不到发达国家的一半。因此水稻节水潜力巨大，研究水稻节水灌溉技术既是我国农业节水的必然选择，也是缓解我国水资源危机的战略选择。

肥料作为作物生长的关键因素，在作物生长的各个阶段发挥着重要的作用。多年来，黑龙江省大部分地区由于盲目追求高产而导致肥料大量施入，导致耕地水土流失严重、土壤养分失衡、水体污染严重，而其中化肥污染居首位[10]。据统计，目前我国耕地化肥施用量已接近 400kg·hm^{-2}，与国际上因防治大气、水污染而设定的 225kg·hm^{-2} 的安全上限相比，已严重超标[11]。尤其是氮肥农学利用率 PFP_N 仅为 29kg/kg，远远低于发达国家[12]。肥料长期的不合理施入将造成作物倒伏、白苗、固氮能力不强、温室气体排量骤增等问题，因此研究水肥耦合效应对于建立 21 世纪高效、绿色的现代农业与解决生态环境问题意义重大。

黑龙江省作为我国农业大省，粮食产量已"十一"连增，稳居全国第一。同时也是我国重要的商品粮生产基地，其中水稻商品率达 70%，占全国 25%。全省多年平均水资源量为 810.3 亿 m^3，人均水量 2021m^3，低于全国平均水平。全省多年平均降雨量 400~650mm，且呈减少趋势，省内东部三江平原水资源较丰富，而西部松嫩平原水资源较亏缺。全省土地总面积为 45.18 万 km^2，占全国土地总面积的 4.9%。全省人均耕地面积 0.31hm^2（合 4.6 亩·$人^{-1}$），人均耕地面积略有增加[13]。按着黑龙江省水稻灌溉发展总体规划，未来 5 年全省水稻规划灌溉面积将超过 6500hm^2，届时将每年可为国家提供优质商品粳稻 2000 万 t[14]。如按现有灌溉制度进行需水量计算，水稻年灌溉用水量将达 300 亿 m^3，占全省农业用水的 93%~95%，虽计划利用部分界河与新增机井来供水，但水资源承载能力仍将十分紧张。因此由研究该区域农业水资源优化模型对农业节水、保障国家粮食安全具有十分重要意义。

黑龙江省作为全国耕地最多的省份，但水资源总量并不丰富，而且水资源时空分布不均。肥料的使用严重超标，多年来一直存在水肥利用效率低下的问题。因此本研究选择在黑龙江省寒地黑土区——庆安县和平灌区灌溉试验站进行，通过田间试验开展稻作土壤水分运动规律及预测、作物蒸腾蒸发量计算、水肥耦合试验研究、水分生产函数模型建立；通过以农户为基础的水肥等数据调研，开展水肥资源投入产出与经济效益分析。从而为该区域水稻节水、增产提供科学指导与技术支持，同时为水稻生产过程中提供调整决策，进一步促进农业增效、农民增收、农村繁荣。

10.2 主要研究内容及技术路线

10.2.1 主要研究内容

1. 田间试验

本研究以水资源短缺和肥料流失严重的寒地黑土区——黑龙江庆安县为例，对区域内稻田土壤水分运动规律及预测、作物需水量计算、水肥耦合效应、水分生产函数等进行研究，以期为指导农业成产提供理论依据与技术支持。

2. 数据调研及查阅相关统计年鉴

通过对黑龙江省庆安县相关部门与农户走访调研，根据具体实际情况建立庆安县水、肥等生产资料投入与产出表，选择投入产出相关模型。以区域内水稻经济效益最大为目标函数，计算出水肥等投入量；依据庆安县 2010—2015 年农业生产资料投入数据和年产量相关数据，核算出各年度的农业水资源价值，从而为区域农业水资源的经济价值计算提供新的思路与方法。

10.2.2 技术路线

本研究的技术路线如图 10.1 所示。

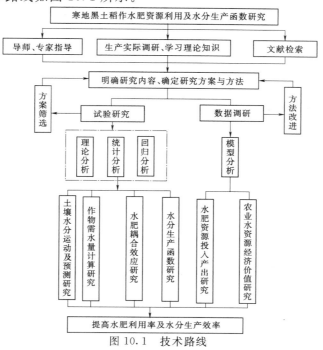

图 10.1 技术路线

参 考 文 献

［1］　吴普特，冯浩. 中国节水农业发展战略初探［J］. 农业工程学报，2005，21（6）：152-157.

［2］　Brown L R，Halweil B. China's Water Shortage Could Shake World Food Security［J］. World Watch，1998，11（4）：7-8.

［3］　中华人民共和国水利部. 2011 年中国水资源公报［M］. 北京：中国水利水电出版社，2011.

［4］　李晓勇，秦海生. 我国农业节水灌溉发展研究［J］. 农机市场，2013（10）：25-27.

［5］　李铁男，李莹，郎景波. 黑龙江省旱灾对粮食安全影响的分析研究［J］. 节水灌溉，2010（12）：84.

［6］　王秋菊，来永才. 试论黑龙江省水稻生产与水资源持续利用的对策与建议［J］. 中国稻米，2010，16（4）：25-28.

［7］　Frolking S，Qiu J，Boles S，et al. Combing remote sensing and ground census data to develop new maps of the distribution of rice agriculture in China［J］. Global Biogeochem Cycles，2002，16：1091-1101.

［8］　康绍忠. 农业水土工程概论［M］. 北京：中国农业出版社，2005.

［9］　黑龙江省统计局. 黑龙江统计年鉴［M］. 北京：中国统计出版社，2013.

［10］　茆智. 构建节水防污型生态灌区［J］. 中国水利，2009（19）：28.

［11］　饶静，许翔宇，纪晓婷. 我国农业面源污染现状、发生机制和对策研究［J］. 农业经济问题，2011（8）：81-82.

［12］　赵营，同延安，赵护兵. 不同施氮量对夏玉米产量、氮肥利用率及氮平衡的影响［J］. 土壤肥料，2006（2）：30.

［13］　孙爱华，张忠学，朱士江. 三江平原不同灌溉模式水稻耗水规律及水分利用效率试验研究［J］. 节水灌溉，2009（11）：12-14.

［14］　吕纯波. 关于把黑龙江省建成全国重点商品粮粳稻基地的研究报告［R］. 北京：全国粮食安全问题论坛，2005.

第 11 章

试 验 概 述

11.1 试验区概况

　　本研究开展的水稻水肥耦合试验Ⅰ（以下简称"试验Ⅰ"）及水分生产函数试验Ⅱ（以下简称"试验Ⅱ"），于 2015 年 5—9 月和 2016 年 5—9 月在黑龙江省庆安县和平灌区水稻灌溉试验站进行，如图 11.1 所示。庆安县属于呼兰河流域中上游，地处黑龙江省中部的松嫩平原与小兴安岭余脉的交汇地带，属于寒地黑土区。该地区属于北温带半干旱、半湿润的大陆性气候，年平均气温为 1.69℃，年降雨量为 577mm，年平均日照时数为 2599h，无霜期 128d 左右，属于第三积温带；为国家绿色食品 A 级水稻生产基地，享有"中国绿色食品之乡"的美誉。

图 11.1　庆安县和平灌区

试验区土壤类型为白浆土型水稻土为主，容重 $1.01g/cm^3$，孔隙度 61.8%，$0\sim$ 30cm 体积饱和含水率平均为 55.9%，其基础肥力见表 11.1[1]。

表 11.1　　　　　　　　　　土　壤　基　础　肥　力

基　础　性　状	含　　量
有机质/$(g \cdot kg^{-1})$	41.4
全氮/$(g \cdot kg^{-1})$	1.08
全磷/$(g \cdot kg^{-1})$	15.23
全钾/$(g \cdot kg^{-1})$	20.11
碱解氮/$(mg \cdot kg^{-1})$	154.36
有效磷/$(mg \cdot kg^{-1})$	25.33
速效钾/$(mg \cdot kg^{-1})$	157.25
pH 值	6.40

11.2　试验方案

1. 水肥耦合试验方案设计

本研究开展的水稻水肥耦合试验 I 主要研究控制灌溉条件下水、氮、磷、钾肥耦合作用，试验在测坑中进行，单个测坑面积为 $4m^2$，并配备移动式遮雨棚，如图 11.2 所示。

采用"二次饱和 D-416"最优设计处理，见表 11.2。灌水量以分蘖后期土壤饱和含水率下限值（$60\%\sim80\%$）作为基本设计参数，其他各生育期与其的比例关系为分蘖（前期：中期：末期）：拔孕期（前期：末期）：抽开期：乳熟期＝（1.3：1.15：1）：（1.15：1.3）：1.3：1.15，具体见表 11.3。

图 11.2 试验区测坑

表 11.2 二次饱和 D - 416 最优设计处理表

处理编号	X_1	X_2	X_3	X_4	X_1^2	X_2^2	X_3^2	X_4^2	X_1X_2	X_1X_3	X_1X_4	X_2X_3	X_2X_4	X_3X_4
1	0	0	0	1.784	0	0	0	3.183	0	0	0	0	0	0
2	0	0	0	−1.494	0	0	0	2.232	0	0	0	0	0	0
3	−1	−1	−1	0.644	1	1	1	0.415	1	1	−0.644	1	−0.644	−0.644
4	1	−1	−1	0.644	1	1	1	0.415	−1	−1	0.644	1	−0.644	−0.644
5	−1	1	−1	0.644	1	1	1	0.415	−1	1	−0.644	−1	0.644	−0.644
6	1	1	−1	0.644	1	1	1	0.415	1	−1	0.644	−1	0.644	−0.644
7	−1	−1	1	0.644	1	1	1	0.415	1	−1	−0.644	−1	−0.644	0.644
8	1	−1	1	0.644	1	1	1	0.415	−1	1	0.644	−1	−0.644	0.644
9	−1	1	1	0.644	1	1	1	0.415	−1	−1	−0.644	1	0.644	0.644
10	1	1	1	0.644	1	1	1	0.415	1	1	0.644	1	0.644	0.644
11	1.685	0	0	−0.908	2.839	0	0	0.824	0	0	−1.530	0	0	0

续表

处理编号	X_1	X_2	X_3	X_4	X_1^2	X_2^2	X_3^2	X_4^2	X_1X_2	X_1X_3	X_1X_4	X_2X_3	X_2X_4	X_3X_4
12	−1.685	0	0	−0.908	2.839	0	0	0.824	0	0	1.530	0	0	0
13	0	1.685	0	−0.908	0	2.839	0	0.824	0	0	0	0	−1.530	0
14	0	−1.685	0	−0.908	0	2.839	0	0.824	0	0	0	0	1.530	0
15	0	0	1.685	−0.908	0	0	2.839	0.824	0	0	0	0	0	−1.530
16	0	0	−1.685	−0.908	0	0	2.839	0.824	0	0	0	0	0	1.530

表 11.3　　　　　　　　　　　　水稻各生育期水分管理表

灌溉模式	灌溉标准	返青期 /mm	分蘖期			拔孕期		抽开期	乳熟期	黄熟期
			前期	中期	末期	前期	末期			
控灌 W1	灌水上限	30	100%	100%	100%	100%	100%	100%	100%	自然
	灌水下限	10	100%	90%	80%	90%	100%	100%	90%	落干
控灌 W2	灌水上限	30	100%	100%	100%	100%	100%	100%	100%	自然
	灌水下限	10	100%	85%	75%	85%	100%	100%	85%	落干
控灌 W3	灌水上限	30	100%	100%	100%	100%	100%	100%	100%	自然
	灌水下限	10	85%	75%	65%	70%	85%	85%	75%	落干
控灌 W4	灌水上限	30	100%	100%	100%	100%	100%	100%	100%	自然
	灌水下限	10	80%	70%	60%	70%	80%	80%	70%	落干
观测根层深度/cm		0~20	0~20	0~20	0~20	0~30	0~30	0~40	0~40	

注　1. 分蘖后期晒田 5~7d。

　　2. 表中百分数代表土壤水分占饱和含水率的百分比。

　　3. 试验区体积饱和含水率平均为 55.9%。

水肥编码变换公式如下：

（1）对施纯氮上限 $Z_{21}=220\text{kg/hm}^2$ 与下限 $Z_{11}=0$，零水平 Z_{01} 为

$$Z_{01}=\frac{220+0}{2}=110\text{kg/hm}^2 \tag{11-1}$$

变化间隔 Δ_1 为

$$\Delta_1 = \frac{220-0}{1.685+1.685} = 65.28 \mathrm{kg/hm^2} \qquad (11-2)$$

编码变换公式为

$$X_1 = \frac{Z_1-Z_{01}}{\Delta_1} = \frac{Z_1-110}{65.28} \qquad (11-3)$$

式中　X_1——纯氮的编码值；

　　　Z_1——纯氮的编码值对应的实际值。

（2）对施纯钾上限 $Z_{21}=160 \mathrm{kg/hm^2}$ 与下限 $Z_{11}=0$，零水平 Z_{02} 为

$$Z_{02} = \frac{220+0}{2} = 80 \mathrm{kg/hm^2} \qquad (11-4)$$

变化间隔 Δ_2 为

$$\Delta_2 = \frac{160-0}{1.685+1.685} = 47.48 \mathrm{kg/hm^2} \qquad (11-5)$$

编码变换公式为

$$X_2 = \frac{Z_2-Z_{02}}{\Delta_2} = \frac{Z_2-80}{47.48} \qquad (11-6)$$

式中　X_2——纯钾的编码值；

　　　Z_2——纯钾的编码值对应的实际值。

（3）对施纯磷上限 $Z_{21}=90 \mathrm{kg/hm^2}$ 与下限 $Z_{11}=0$，零水平 Z_{03} 为

$$Z_{03} = \frac{90+0}{2} = 45 \mathrm{kg/hm^2} \qquad (11-7)$$

变化间隔 Δ_3 为

$$\Delta_3 = \frac{90-0}{1.685+1.685} = 26.71 \mathrm{kg/hm^2} \qquad (11-8)$$

编码变换公式为

$$X_3 = \frac{Z_3 - Z_{03}}{\Delta_3} = \frac{Z_3 - 45}{26.71} \quad\quad (11-9)$$

式中　X_3——纯磷的编码值；

　　　Z_3——纯磷的编码值对应的实际值。

（4）对土壤含水率上限 $Z_{21} = 80\%$ 与下限 60%，零水平 Z_{01} 为

$$Z_{01} = \frac{80\% + 60}{2} = 70\% \quad\quad (11-10)$$

变化间隔 Δ_4 为

$$\Delta_4 = \frac{80\% - 60\%}{1.784 + 1.494} = 6.10\% \quad\quad (11-11)$$

编码变换公式为

$$X_4 = \frac{Z_4 - Z_{04}}{\Delta_4} = \frac{Z_4 - 70\%}{6.10\%} \qu\quad (11-12)$$

式中　X_4——土壤含水率的编码值；

　　　Z_4——土壤含水率的编码值对应的实际值。

将氮、钾、磷、土壤含水率的上下限值分别代入式（11-3）、式（11-6）、式（11-9）、式（11-12），汇总内容见表 11.4[2]。

表 11.4　　　　　　　　　　　　　因 子 水 平 编 码 表

编 码 值				实 际 值			
X_1	X_2	X_3	X_4	氮/(kg·hm^{-2})	钾/(kg·hm^{-2})	磷/(kg·hm^{-2})	土壤含水率/%
1.685	1.685	1.685	1.784	220	160	90	80
1	1	1	0.644	175.28	127.48	71.71	75
0	0	0	−0.908	110	80	45	65
−1	−1	−1	−1.494	44.72	32.52	18.29	60
−1.685	−1.685	−1.685		0	0	0	

具体实施方案如下：

（1）供试水稻品种为龙庆稻 3，插秧密度为 25 穴/m²。

（2）氮肥施入比例为基肥∶返青肥∶分蘖肥∶穗肥＝5∶1∶2.5∶1.5；钾肥施入比例为基肥∶穗肥＝1∶1；磷肥作为基肥一次性施入。施肥时间为基肥在插秧前施入；返青肥在水稻移栽后 7～10d 施入；分蘖肥在水稻的幼穗长 1～2mm 施入；穗肥在抽穗后 5～10d 施入。

（3）供试肥料为尿素（含 N 46%）、钾肥（K_2O 含量 40%）、磷酸二铵（含 N 18%，P_2O_5 含量 46%），计算施入土壤中的化肥量，其计算公式为

$$施肥量 = \frac{推荐施肥量}{化肥的有效含量}$$

农艺措施均按照当地高产优质模式统一管理。

（4）试验采取随机区组排列，每个处理 3 次重复，共计 48 次处理。

2. 水分生产函数试验方案设计

为排除天然降水对各试验处理的影响，试验Ⅲ研究采用自动称重式蒸渗仪，单个蒸渗仪的面积为 1m²，并配备移动式遮雨棚，如图 11.3 所示。

图 11.3　试验区蒸渗仪

以灌溉水控制各处理不同生育时期的土壤含水率。针对不同生育阶段的不同水平作干旱处理，并以充分灌溉作为对照试验。由于返青期尚有水层存在，不会受旱；黄熟期排水落干，促进水稻成熟，因此首末两阶段均与充分灌溉相同进行正常的水分管理。其余 4 个阶段可分别安排成正常灌溉、轻旱、中旱和重旱 4 个水平。根据《寒地水稻节水控制灌溉技术规范》（DB23/T 1500—2013）定义轻旱为根层土壤含水率控制在土壤饱和含水率的 90%～100%，中旱为 70%～90%，重旱为 60%～70%[3]。为了全面地研究水稻水分生产函数，考虑生产实际中旱情可能发生的生育阶段，本试验安排 1 个生育期及 2 个生育期连旱的处理。每个处理重复 2 次，共计 24 个蒸渗仪。试验处理见表 11.5。

表 11.5　　　　　　　　　　　　水分生产函数试验设计表

处理编号	返青期	分蘖期	拔孕期	抽开期	乳熟期	黄熟期
1	0～30	90%～100%	0～30	0～30	0～30	自然落干
2	0～30	60%～70%	0～30	0～30	0～30	自然落干
3	0～30	0～30	90%～100%	0～30	0～30	自然落干
4	0～30	0～30	60%～70%	0～30	0～30	自然落干
5	0～30	0～30	0～30	90%～100%	0～30	自然落干
6	0～30	0～30	0～30	60%～70%	0～30	自然落干
7	0～30	0～30	0～30	0～30	90%～100%	自然落干
8	0～30	0～30	0～30	0～30	60%～70%	自然落干
9	0～30	70%～90%	70%～90%	0～30	0～30	自然落干
10	0～30	0～30	70%～90%	70%～90%	0～30	自然落干
11	0～30	0～30	0～30	70%～90%	70%～90%	自然落干
淹灌（CK）	0～30	0～30	0～30	0～30	0～30	自然落干

注　表中带有%的数字代表土壤水分占饱和含水率的百分比，试验区体积饱和含水率平均为 55.9%。

11.3 观测指标与方法

1. 作物需水量观测

通过水表精确记录各处理每次灌水时间、灌水量，每天观测水面刻度值的变化。同时观测参照作物需水量。

2. 植株生理指标观测

（1）株高。应对水稻各生育时期的株高进行测定。自植株地面至顶端的高度，用钢尺进行测定，取平均值。

（2）叶面积指数（LAI）。在各生育时期进行叶面积指数查数，每个生育阶段查一次，数其全部绿色叶片的叶长和叶宽，然后计算单株叶片数。单株叶面积 S 的计算公式为

$$S = \frac{\sum L \times B \times K}{N} \qquad (11-13)$$

叶面积指数的计算公式为

$$LAI = \frac{单株叶面积 \times 基本株数}{面积} \qquad (11-14)$$

式中　S——单株叶面积，cm^2；

　　　L——叶长，cm；

　　　B——叶宽，cm；

　　　K——校正系数，用求积仪实测面积，再与量取的叶面积相比求得 K 为 0.83；

　　　N——实测株数。

（3）分蘖数。在幼苗长出 $1\sim1.5cm$ 时分蘖开始，当分蘖数达 10% 时为分蘖初期，当达到最高最高分蘖时，为分蘖盛期，通过定点观测每盆苗数，调查分蘖动态和最高分蘖数，返青后第一次观测的植株为基本植株总数，以后每 5d 观测一次，临近分蘖盛期时至抽水开花期时应每隔 $2\sim3d$ 观测一次，到植株不再增加或植株总数开始减少时，即停止观测，直至黄熟期后，查一次结实的植株数，以计算有效分蘖数或有效分蘖率。

3. 土壤水分动态观测

在水肥耦合效应试验中，对各处理采用传统土钻法对水稻各生育时期（返青期、分蘖期、拔孕期、抽开期、乳熟期）进行取土，各土壤剖面采用六点法，其取样深度为 10cm、20cm、40cm、60cm、80cm、100cm，将各处理各剖面的土壤样本装入铝盒，然后放入烘干箱保持 105℃±5℃烘干 8h，冷却后用 1/1000d 平称量其质量，再继续烘干至恒重，最终计算各剖面所取土壤的含水率。

4. 考种测产

考察各处理有效穗数、每穗粒数、千粒重、结实率，计算其理论产量，同时实测每个处理的实际产量。

（1）有效穗数。收割前数其各处理的结实穗数，取平均值。

（2）穗粒数。以自然落干后统计其各处理的每穗粒数，然后计算出每一处理平均穗粒数，取其平均值。

（3）千粒重。将其晾晒干后将籽粒充分混合，随机分成 3 组，每组 1000 粒，分别称重，当各组的质量相差不到 3％时，平均重即为千粒重，如差值超过 3％，再取 1000 粒称重，用最为接近的 3 组数值平均值作为其各处理千粒重。

（4）结实率。对各处理晾晒干后的籽粒数其空瘪数，然后称重，随机分成 3 组，每组 1000 粒，当各组的质量相差不到 3％时，实粒数与总粒数的比值即为其结实率，如差值超过 3％，再取 1000 粒数其空瘪数，用比值为最接近的 3 组数值平均值作为结实率。

（5）理论产量。理论产量＝有效穗数×穗粒数×千粒重×结实率。

5. 气象资料收集

通过试验气象观测站与蒸发皿等，对生育期内每天气象数据进行收集，包括降雨量、风速、蒸发量、温度、湿度、光照时间、净辐射等。

11.4　试验数据处理方法

土壤水分运动规律分析和水稻需水规律分析采用数理统计分析，水肥耦合效应分析采用回归分析，水肥耦合经济效益分析和水分生产函数模型建立采用模型分析。数据统计分析运用 Excel 软件，回归分析运用 SPSS17.0 软件，建模分析运用 MAT-LAB7.1 软件。

参 考 文 献

[1] 王孟雪，张忠学. 适宜节水灌溉模式抑制寒地稻田 N_2O 排放增加水稻产量 [J]. 农业工程学报，2015，31（15）：72-79.

[2] 林彦宇. 黑土稻作控制灌溉条件下水肥调控试验研究 [D]. 哈尔滨：东北农业大学，2011.

[3] 黑龙江省水利厅. 寒地水稻节水控制灌溉技术规范：DB23/T 1500—2013 [S]. 哈尔滨：黑龙江科学技术出版社，2013.

第 12 章

土壤水分运动规律及时间序列预测

12.1　土壤水分运动规律

农田土壤水分是作物生长和生存的物质基础，它不仅影响作物的产量，还影响着作物对水分吸收的难易程度[1]。因此，通过对作物土壤水分运动规律的研究对于农业水资源的可持续利用具有重要的意义。本节对水稻各生育时期不同剖面的农田土壤水分及变化规律展开研究，因水稻各生育时期生长状况、需水量与耗水量不同，从而导致水稻在不同生育时期、不同土壤剖面的水分变化规律也不同。为了更好地研究其变化规律，这里以试验Ⅰ为例，取不同水分处理的测坑为研究对象，试验Ⅰ中水分因素的 4 个水平测坑，分别为处理 1、处理 2、处理 3、处理 11。因返青期保持水层，不需要考虑，所以试验采用传统土钻法仅对水稻分蘖期、拔孕期、抽开期、乳熟期进行取土，各土壤剖面采用六点法，其取样深度为 10cm、20cm、40cm、60cm、80cm、100cm。

1. 分蘖期土壤水分运动规律

水稻分蘖期是确定有效分蘖的关键时期，是获得高产的基础。此期间需要一定的水分为水稻的有效分蘖提供保障，其相对含水率变化规律如图 12.1 所示。

从图 12.1 可以看出，水稻在分蘖期随着土层深度增加，土壤含水率变化呈现降—增—降的趋势，最后基本趋于平稳，具体变现为：①在 0～20cm 土层中，土壤含水量呈下降趋势，主要原因为表层土壤蒸腾蒸发量较大，还有一部分水分会向下产生渗漏；②在 20～40cm 土层中，土壤含水量呈上升趋势，这一深度水分渗漏比较缓慢，渗漏量较小，灌溉水量集中在该土层中；③在 40～60cm 土层中，土壤含水量呈下降趋势，因水稻根系生长的大部分水都从该层获取；④在 60～100cm 土层中，土壤水分变化不明显，最终趋于稳定，因土层较深，灌溉水量没有蒸发蒸腾产生，加之根系没

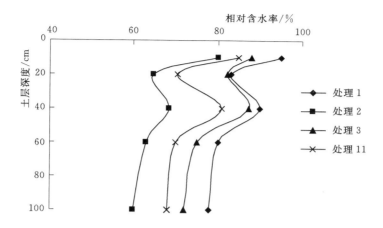

图 12.1　分蘖期各处理土壤水分随深度变化曲线

有生长到此部分，因此水分变化不大。因此，水稻分蘖期，在 0～100cm 土层内，各处理土壤水分含量从大到小的顺序依次为：处理 1＞处理 3＞处理 11＞处理 2。

2. 拔孕期土壤水分运动规律

拔孕期是水稻营养生长和生殖生长同时并进的时期，需水量比较敏感，所以此时期土壤含水量十分重要，其相对含水率变化规律如图 12.2 所示。

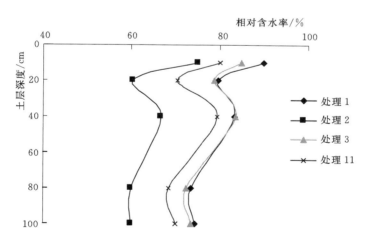

图 12.2　拔孕期各处理土壤水分随深度变化曲线

从图 12.2 可以看出，水稻在拔孕期随着土层深度的增加，土壤含水率变化呈现出降—增—降的趋势，最后基本趋于平稳，具体变现为：①在 0～20cm 土层中，土壤含水量呈下降趋势，并且比分蘖期更低，主要原因在于水稻进入拔节期后，随着气温的升高，特别是地表温度的持续增高，导致表层土壤蒸发与作物蒸腾速率加快，因而土壤水分较低；②在 20～40cm 土层中，土壤含水量呈上升趋势，但是低于分蘖期，此阶段虽灌溉水较集中，但因表土层土壤水分蒸发较多，因此会有部分土壤水分补给到表层中去；③在 40～80cm 土层中，土壤含水量呈下降趋势，因水稻根系生长到此深度，在该生育时期，水稻生长的大部分水分会从该层获取；④在 80～100cm 土层中，土壤水分变化不明显，逐渐稳定，因根系还未增长到此深度，也未发生蒸腾作用，因此各处理在该土层深度水分变化不大。总体来说，水稻拔孕期，在 0～100cm 土层内，各处理土壤水分含量依次为：处理 1＞处理 3＞处理 11＞处理 2。

3. 抽开期土壤水分运动规律

抽开期是水稻一生中生理需水最多的时期，这个时期蒸腾作用旺盛，若供水不足，会严重阻碍颖花分化，穗粒数及千粒重均会减少，对水稻产量有决定性的影响，其相对含水率变化规律如图 12.3 所示。

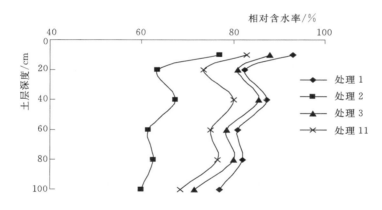

图 12.3　抽开期各处理土壤水分随深度变化曲线

从图 12.3 可以看出，抽开期土壤水分随着土层深度的增加表现出降—增—降—增—降的趋势，具体表现为：①在 0～20cm 土层中，土壤含水量呈下降趋势，相对于拔节抽穗期土壤水分含量增加，原因在于该时期蒸腾作用较强，导致灌溉水量增加；②在 20～40cm 土层中，土壤含水量呈升高趋势，主要是由于灌溉使大部分水渗漏到此深度，而此深度渗漏量又较小；③在 40～60cm 土层中，土壤含水量呈下降趋势，因水稻抽穗灌浆所需水分大部分从此深度获取，而上层水又很难渗漏到该层中去；④在 60～80cm 土层中，土壤含水量呈小幅上升趋势，主要因上层水的渗漏和下层水补给；⑤在 80～100cm 土层中，土壤含水量呈下降趋势，因水稻根系生长到此深度，根系所需水分大部分从此深度获取。总体来说，水稻抽开期，在 0～100cm 土层内，各处理土壤水分含量依次为：处理 1＞处理 3＞处理 11＞处理 2。

4. 乳熟期土壤水分运动规律

乳熟期是水稻干物质积累和籽粒形成的重要时期，是水稻成熟前的关键时期。虽然该时期为非需水敏感期，但通过了解土壤水分的时空变化规律，适时适量的控水、灌水可以显著提高有效穗数、粒重、结实率等，从而获得高产丰收，其相对含水率变化规律如图 12.4 所示。

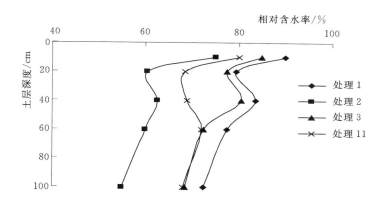

图 12.4　乳熟期各处理土壤水分随深度变化曲线

从图 12.4 可以看出，乳熟期土壤水分随着土层深度的增加表现出降—增—降的趋势，最终趋于平稳。具体表现为：①在 0～20cm 土层中，土壤含水量呈下降趋势，并且比抽穗开花更低，主要原因在于水稻进入乳熟期后，灌溉水量较少，蒸腾作用没有明显降低，因而土壤水分较低；②在 20～40cm 土层中，土壤含水量呈上升趋势，主要由于上层水渗漏到该层，而该层很难向下渗漏；③在 40～60cm 土层中，土壤含水量呈下降趋势，因水稻籽粒及器官的形成大部分水分会从该层获取；④在 60～100cm 土层中，土壤含水量呈下降趋势，但相对于抽穗开花期会更低，因水稻根系继续生长，根系会继续再该层吸收水分。总体来说，水稻乳熟期，在 0～100cm 土层内，各处理土壤水分含量依次为：处理 1＞处理 3＞处理 11＞处理 2。

综上各个生育时期，在 0～20cm 土层中，因表层土壤的蒸腾作用，各处理土壤含水量均呈下降趋势；在 20～40cm 土层中，该层受上层水的渗漏影响，各处理土壤含水量均呈上升趋势；而在 40～60cm 土层中，受根系、籽粒形成等吸水影响，各处理土壤含水量均呈下降趋势，仅抽穗开花期在 60～80cm 土层中，各处理土壤含水率呈现出小幅度回升；在 80～100cm 土层中，各处理土壤含水率出现小幅度下降，最终趋于平稳。在 0～100cm 土层内，各处理土壤水分含量依次为：处理 1＞处理 3＞处

11＞处理 2。

12.2　土壤水分预测的时间序列模型

土壤水是自然界中"五水"（大气降水、地表水、地下水、土壤水和植物水）转化过程的纽带和重要组成部分，也是 SPAC 系统转化的重要环节[2,3]。虽然降雨和灌溉可以补充农田土壤水分的消耗，但在一般情况下，作物需水与土壤供水之间会存在些矛盾，农田土壤水分有时不能及时供给作物满足其生长发育要求，因此，应用数学模型揭示其土壤含水率动态变化过程及预测量，对于农田系统中水分循环、水资源规划、农业生产具有重要的现实意义。

农田土壤水分预测模型一般可分为确定性模型和随机性模型两大类，确定性模型主要有机理性模型和水量平衡模型，而随机性模型主要包括土壤水动力模型、随机水量平衡模型、数理统计模型等[4]。考虑到土壤含水率的确定性和随机性变化特点，本节尝试应用时间序列分析方法分别对 10cm、20cm、40cm、60cm、80cm、100cm 处土壤含水率进行预测，并为今后相似的问题预测提供一种通用方法。

12.2.1　时间序列分析方法与模型

时间序列是指某项指标在不同时间点上的数值按照时间的先后顺序排列成数列，数列中的数据由于其偶然性往往存在一定的波动性和随机性，但彼此之间存在着统计上的依赖关系。时间序列分析方法就是分析数列中数据的规律，依据系统记录的有限数据建立比较精确地能够反映时间序列中所包含动态依存关系的数学模型，从而对系统的未来进行预测。是统计学的一个重要分支。就一元结构而言，就是根据其自身变化规律预测该变量未来的趋势[5-9]。

通过大量观测数据，其序列一般包括趋势、周期和随机三种成分，其中趋势和周期为固定物理概念，属于确定性成分，一般可用函数来表示。趋势项是有规则的运动，其成分可以是线性的，也可以是非线性的，为了更好的表示趋势的存在，对数据必须进行统计和成因两方面的分析。周期是一个循环运动，一般可由一组三角函数表示，通常采用谱分析方法推断周期是否存在；随机成分由不规则振荡和偶然影响所导致，是时间序列中去除确定后成分的剩余部分，可应用随机过程理论、相关分析等方法来研究。

综上，基于土壤含水率一元时间序列模型可以描述为

$$\theta_t = T_t + S_t + R_t + \varepsilon_t \qquad\qquad (12-1)$$

式中　　t——土壤含水率的序列长度，$t = 1$，2，$\cdots$，n；

θ_t——某深度处土壤含水率序列（或 t 时刻固定值）；

T_t——土壤含水量序列的趋势项；

S_t——土壤含水量序列的周期项；

R_t——土壤含水量序列的随机项；

ε_t——土壤含水量序列的白噪声项。

多数实际问题都属于非平稳序列，在分析时通过某些数学方法必须将其趋势项和周期项成分进行提取或剔除，使之成为平稳序列。按照平稳序列进行分析与建模，最后再经过反运算得出有关结果。

1. 趋势项的检验与提取

判断一个序列的趋势性有很多种方法，较常见的有斯波曼（Spearman）和坎德尔（Kendall）秩序相关检验等，也有用一些简单函数对序列作拟合分析。本节中若土壤含水率 T_t 的拟合函数 $\hat{T}_t$ 在一定的显著水平下未被选中，则认为土壤含水率序列无趋势变化或趋势变化不显著，反之则存在趋势项，常用来描述趋势成分的拟合函数模型为

$$\hat{T}_t = a + bt \qquad\qquad (12-2)$$

$$\hat{T}_t = a + bt + ct^2 \qquad\qquad (12-3)$$

$$\hat{T}_t = e^{a+bt} \qquad\qquad (12-4)$$

式中　　a、b、c——常数。

得到趋势成分 $\hat{T}_t$ 后，用原序列 θ_t 减去趋势成分 $\hat{T}_t$ 得到新序列 Y_t 再作周期分析。

2. 周期项的检验与提取

周期项 S_t 是从序列 Y_t 中提取出来的，常用的方法有周期图分析、方差分析、谐波分析、相关分析等。本节尝试采用谐波分析方法，该方法以傅里叶级数为理论基础，对于离散时间序列 Y_1，Y_2，$\cdots$，Y_n，依据采样原理所取谐波数最多只能有 $N/2$

个，即取有限个正弦波来逼近 Y_t 序列，若以 $\hat{Y}_t$ 描述 M 个谐波叠加后对序列 Y_t 的估计值为

$$\hat{Y}_t = \hat{a}_0 + \sum_{i=1}^{M} \left(\hat{a}_i \cos \frac{2\pi it}{p} + \hat{b}_i \sin \frac{2\pi it}{p} \right) \qquad (12-5)$$

$$\hat{a}_0 = \frac{1}{n} \sum_{i=1}^{n} Y_t$$

$$\hat{a}_i = \frac{2}{n} \sum_{i=1}^{n} \left(Y_t \cos \frac{2\pi it}{p} \right)$$

$$\hat{b}_i = \frac{2}{n} \sum_{i=1}^{n} \left(Y_t \sin \frac{2\pi it}{p} \right)$$

式中　　　i——谐波号，$i=1$，2，$\cdots$，M；

$\quad$ M——谐波数，当 n 为偶数时，$M=\dfrac{n}{2}$，当 n 为奇数时，$M=\dfrac{n-1}{2}$；

$\quad$ p——土壤含水率序列的周期长度；

$\hat{a}_0$、$\hat{a}_i$、$\hat{b}_i$——傅里叶系数。

为了确定有效谐波数 m，定义 $\Delta P_i = \dfrac{s_i^2}{S^2}$，$P_j$ 为 ΔP_i 的累加值为

$$S^2 = \frac{1}{n} \sum_{i=1}^{n} (\hat{Y}_t - Y_t)^2 = \sum_{i=1}^{M} \frac{1}{2} (\hat{a}_i^2 + \hat{b}_i^2) = \sum_{i=1}^{M} s_i^2 \qquad (12-6)$$

$$P_j = \sum_{i=1}^{j} \Delta P_i = \sum_{i=1}^{j} \left(\frac{s_i^2}{s^2} \right) \qquad (12-7)$$

式中　j——有效谐波数，$j=1$，2，$\cdots$，m；

$\quad$ s_i——i 个谐波的方差。

通常在 M 个谐波中选取波动比较显著的 m 个有效谐波累加估计周期项 $\hat{S}_t$，从而确定周期变化项的函数模型，即

$$\hat{S}_t = \hat{a}_0 + \sum_{i=1}^{m}\left(\hat{a}_i \cos\frac{2\pi it}{p} + \hat{b}_i \sin\frac{2\pi it}{p}\right) \tag{12-8}$$

在实际应用中，一般仅在前 6 个谐波中选取即可，若 $P_6 > P_{max}$ 则超过 P_{max} 的 P_j 值为显著谐波数；如果 $P_6 < P_{min}$ 则无显著谐波，若 $P_{min} \leqslant P_6 \leqslant P_{max}$ 则所有谐波都是有效的。确定 m 的两个界限值为

$$P_{min} = \alpha\sqrt{\frac{p}{N}}$$

$$P_{max} = 1 - P_{min} \tag{12-9}$$

式中　N——样本序列数；

　　　α——选定的某一显著水平。

确定有效谐波数后，用式（12-8）拟合周期项 S_t，将计算出的 $\hat{S}_t$ 从序列 Y_t 中减去，对得到的新序列 Z_t 作进一步分析。

3. 随机成分模型的建立

（1）步骤 1：数据检验与转换。对新序列 Z_t 的平稳性、周期性、正态性和均值进行必要的数据处理与转换。一般情况下可通过自相关图（ACF）、偏相关图（PACF）、直方图等方法进行反复检验、比较、转换，直到达到相对最佳的序列 S_t 后，再建立线性平稳随机模型对其进行拟合。

（2）步骤 2：随机模型识别。通过建立自回归模型（AR）、移动平均模型（MA）、自回归移动平均模型（$ARMA$）等方法对时间序列进行预测。其中，一个 p 阶自回归模型 $AR(p)$ 表示变量的一个观测值是其以前观测值的线性组合和随机误差项之和，一个 q 阶移动平均模型 $MA(p)$ 表示变量的一个观测值是其以前和目前观测值的 q 个随机误差的线性组合。模型识别方法较多，常采用 Box - Jenkins 识别方法，依据样本序列自相关系数和偏相关系数的截尾、拖尾性初步判断该序列对应的模型类别。

样本自相关系数计算式为

$$\hat{\rho}_k = \frac{\hat{\gamma}_k}{\hat{\gamma}_0} = \frac{\sum_{t=k+1}^{n}(X_t X_{t-k})}{\sum_{t=1}^{n} X_t^2}(k = 0,1,2,\cdots,n-1) \tag{12-10}$$

其中
$$\hat{\gamma}_k = \frac{1}{n} \sum_{t=k+1}^{n} (X_t X_{t-k})$$

对于偏相关系数，引入 Yule – Wolker 方程

$$\begin{cases} \varphi_{k,1}\rho_0 + \varphi_{k,2}\rho_1 + \cdots + \varphi_{k,k}\rho_{k-1} = \rho_1 \\ \varphi_{k,1}\rho_1 + \varphi_{k,2}\rho_0 + \cdots + \varphi_{k,k}\rho_{k-2} = \rho_2 \\ \vdots \\ \varphi_{k,1}\rho_{k-1} + \varphi_{k,2}\rho_{k-2} + \cdots + \varphi_{k,k}\rho_0 = \rho_k \end{cases} \tag{12-11}$$

利用 Gramer 法则计算得

$$\varphi_{k,k} = \frac{\begin{vmatrix} \rho_0 & \rho_1 & \rho_2 & \cdots & \rho_{k-2} & \rho_1 \\ \rho_1 & \rho_0 & \rho_1 & \cdots & \rho_{k-3} & \rho_2 \\ \vdots & \vdots & \vdots & \vdots & \vdots & \vdots \\ \rho_{k-1} & \rho_{k-2} & \rho_{k-3} & \cdots & \rho_1 & \rho_k \end{vmatrix}}{\begin{vmatrix} \rho_0 & \rho_1 & \rho_2 & \cdots & \rho_{k-1} \\ \rho_1 & \rho_0 & \rho_1 & \cdots & \rho_{k-2} \\ \vdots & \vdots & \vdots & \vdots & \vdots \\ \rho_{k-1} & \rho_{k-2} & \rho_{k-3} & \cdots & \rho_0 \end{vmatrix}} \tag{12-12}$$

式中 $\varphi_{k,1}$、$\varphi_{k,2}$、$\cdots$、$\varphi_{k,k}$——偏相关系数。

对于样本序列 X_t，滞后时移 $k=0，1，2，\cdots，n-1$，当 $n>50$ 时，可取 $1<n/4$，常取 $1=n/10$，计算出自相关系数和偏相关系数，然后绘制出自相关图和偏相关图，再根据其图形截尾和拖尾情况初步识别其模型，具体判别方法见表 12.1。

表 12.1 模 型 形 式 识 别 表

模型	$AR(p)$	$MA(q)$	$ARMA(p, q)$
ACF	拖尾	在 q 截尾	拖尾
PACF	在 p 截尾	拖尾	拖尾

对于相依随机序列，一般采用线性自回归模型 $AR(p)$ 便能更好地表示序列的统计特性，它不仅形式简单，处理较简便，而且计算精度较高。

（3）步骤 3：模型定阶。常用的模型定阶方法有自相关系数和偏相关系数定阶法、残差方差图定阶法、F 检验定阶法和最佳准则函数定阶法，本节采用最佳准则函数定阶法（AIC），定义 AIC 准则函数为

$$AIC(p) = \ln \hat{\sigma}_a^2(p) + 2\frac{p}{n} \qquad (12-13)$$

式中　$\hat{\sigma}_a^2(p)$——拟合残差方差。

选取不同的 p 对 X_t 序列进行拟合，用式（12-13）计算该模型相应的 AIC 值，然后同时改变模型的相关阶数与参数，使 AIC 达到极小值，此时的模型认为是最佳模型。

（4）步骤 4：模型参数估计。参数估计的方法有矩法、最小二乘法和极大似然法，本节尝试采用矩法估计，对于 $AR(P)$ 模型可将 Yule – Wolker 方程变形为

$$\begin{bmatrix} \rho_0 & \rho_1 & \cdots & \rho_{p-1} \\ \rho_1 & \rho_0 & \cdots & \rho_{p-2} \\ \vdots & \vdots & \vdots & \vdots \\ \rho_{p-1} & \rho_{p-2} & \cdots & \rho_0 \end{bmatrix} \begin{bmatrix} \varphi_{p,1} \\ \varphi_{p,2} \\ \vdots \\ \varphi_{p,p} \end{bmatrix} = \begin{bmatrix} \rho_1 \\ \rho_2 \\ \vdots \\ \rho_p \end{bmatrix} \qquad (12-14)$$

则有

$$\begin{bmatrix} \varphi_{p,1} \\ \varphi_{p,2} \\ \vdots \\ \varphi_{p,p} \end{bmatrix} = \begin{bmatrix} \rho_0 & \rho_1 & \cdots & \rho_{p-1} \\ \rho_1 & \rho_0 & \cdots & \rho_{p-2} \\ \vdots & \vdots & \vdots & \vdots \\ \rho_{p-1} & \rho_{p-2} & \cdots & \rho_0 \end{bmatrix}^{-1} \begin{bmatrix} \rho_1 \\ \rho_2 \\ \vdots \\ \rho_p \end{bmatrix} \qquad (12-15)$$

将 $\hat{\rho}_1$，$\hat{\rho}_2$，$\cdots$，$\hat{\rho}_p$ 代替 ρ_1，ρ_2，$\cdots$，ρ_p，代入式（3-15）即可得到相应的自回归系数，再估算 $\hat{X}_t$ 为

$$\hat{X}_t = \varphi_{p,1}X_{t-1} + \varphi_{p,2}X_{t-2} + \cdots + \varphi_{p,p}X_{t-p} + \xi_t \qquad (12-16)$$

对建立的随机模型进行逆变换，最后可还原为拟合原剩余成分 Z_t 的随机模型 $\hat{R}_t$，此时残差 ζ_t' 可表示为

$$\xi'_t = Z_t - \hat{R}_t \qquad\qquad (12-17)$$

（5）步骤 5：模型的适用性检验。AR 模型的适应性检验实质上就是对 ξ'_t 的独立性进行检验，主要有 F 检验法、χ^2 检验法和估计相关系数法。本节选用估计相关系数法判断其是否为独立的残差过程。

将以上各模型进行叠加便可得到土壤含水率的非平稳时间序列预测模型，从而对未来某时刻的土壤水分状态进行预测。

12.2.2　基于时间序列分析模型的土壤含水率预测

依据上述建模过程，选取试验 I（试验设计详见本书下篇第 11 章）为研究对象，以处理 1、处理 2、处理 3、处理 11 的插秧后第 5～60d 10cm、20cm、40cm、60cm、80cm、100cm 处土壤相对含水率作为观测序列，其变化规律如图 12.5～图 12.10 所示。因水稻抽开期（插秧后 60d 左右）为需水的关键时期，因此采用插秧后第 5～55d 的土壤含水率序列建立模型并检验模型的拟合效果，取第 60d 土壤相对含水率值检验模型的预测效果。

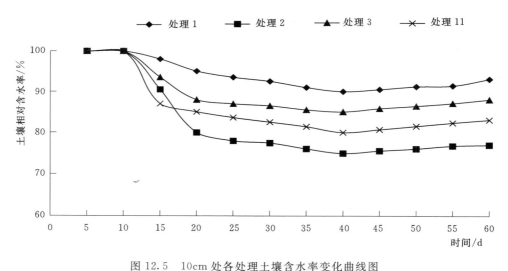

图 12.5　10cm 处各处理土壤含水率变化曲线图

1. 趋势变化项模型

依据前述方法，对该序列趋势项成分检验分析，并无显著变化，此时可以认为趋势项 $T_t = 0$。

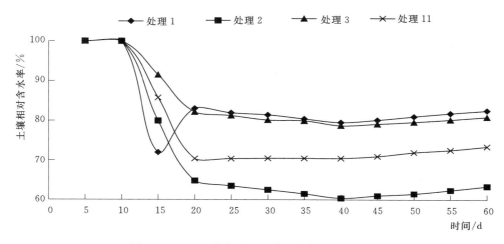

图 12.6 20cm 处各处理土壤含水率变化曲线图

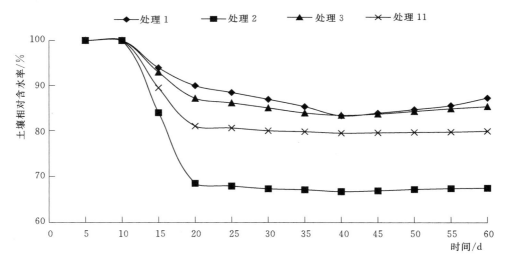

图 12.7 40cm 处各处理土壤含水率变化曲线图

2. 周期变化项模型

本模型预测中，假定以 $d = 10\text{d}$ 作为一个周期，经计算不同深度的土壤相对含水率数值列于表 12.2，周期项中有效谐波的判定结果见表 12.3。

3. 随机项模型

对剩余成分 Z_t 进行数据检验。依前述算法，剩余成分 Z_t 可由原始数据对周期

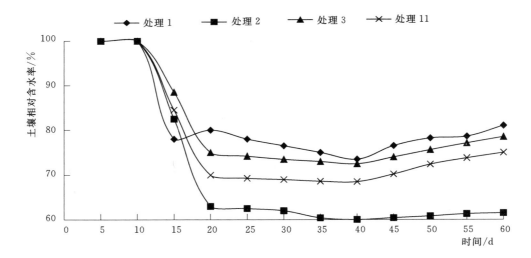

图 12.8　60cm 处各处理土壤含水率变化曲线图

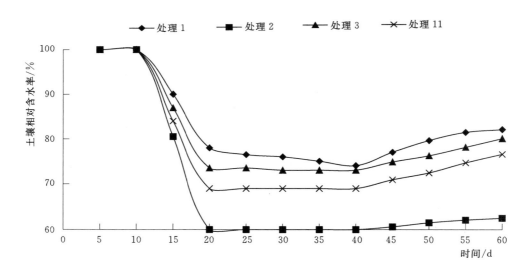

图 12.9　80cm 处各处理土壤含水率变化曲线图

项成分作差可得，将 Z_t 进行数据标准化处理可以得到 X_t，然后求得各序列 X_t 的自相关系数和偏相关系数，依据自相关系数和偏相关系数的截尾性与拖尾性，经检验判定，10cm 处的 X_t 与其插秧后的 5d、10d、30d、45d、55d 有关；20cm 处的 X_t 与其插秧后的 5d、10d、45d 有关；40cm 处的 X_t 与其插秧后的 5d、10d、25d 有关；60cm 处的 X_t 与其插秧后的 5d、10d、25d、40d 有关；80cm 处的 X_t 与其插秧后的 5d、10d、35d、45d 有关；100cm 处的 X_t 与其插秧后的 5d、10d、50d 有关，其相关计算结果见表 12.4。

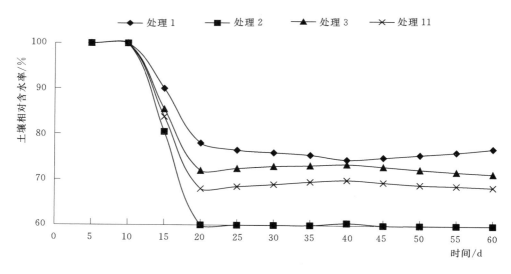

图 12.10　100cm 处各处理土壤含水率变化曲线图

表 12.2　　　　　　　　　　　不同深度土壤含水率序列傅里叶系数结果

土壤含水率序列	傅里叶系数	显 著 谐 波 序 号						
		0	1	2	3	4	5	6
10	a_k	82.0538	−3.8106	0.3053	0.2380	0.7314	0.0142	0.3667
	b_k	—	−3.0504	−3.0658	−0.9004	−0.4769	−0.6025	−0.3997
20	a_k	81.4978	−4.0064	0.3506	0.5384	0.4308	0.3617	−0.3454
	b_k	—	−3.3823	−3.7237	−0.5547	−0.7612	−0.4822	−0.3808
40	a_k	78.9416	−4.3738	0.2436	0.2468	0.0770	0.4510	0.2530
	b_k	—	−3.2911	−3.3997	−0.8421	−0.6572	−0.1724	−0.4241
60	a_k	78.3856	−4.5695	0.2889	0.5597	−0.2235	0.7985	−0.4591
	b_k	—	−3.6230	−4.0576	−0.4963	−0.9415	−0.0522	−0.4052
80	a_k	77.8297	−4.9370	0.2353	0.8637	−0.5773	0.8878	0.1394
	b_k	—	−3.8637	−3.7336	−0.7837	−0.8375	0.2576	−0.4485
100	a_k	77.2738	−5.2186	0.1901	0.9501	−0.7276	1.0615	−0.1883
	b_k	—	−4.1044	−3.5716	−0.6400	−0.9796	0.3177	−0.1788

表 12.3　　　　　　　不同深度土壤含水序列周期项中有效谐波的判定结果

土壤含水率 序列	ΔP_1	ΔP_2	ΔP_3	ΔP_4	ΔP_5	ΔP_6	$P_{\min}$	$P_{\max}$	m
10	0.6930	0.2943	0.0311	0.0195	0.0145	0.0101	0.7762	5.5601	6
20	0.7488	0.3072	0.0201	0.0184	0.0135	0.0085	0.7762	5.5601	6
40	0.7512	0.3109	0.0238	0.0097	0.0080	0.0072	0.7762	5.5601	6
60	0.8071	0.3238	0.0128	0.0086	0.0070	0.0057	0.7762	5.5601	6
80	0.8095	0.3275	0.0165	0.0042	0.0015	0.0044	0.7762	5.5601	6
100	0.8374	0.3358	0.0128	0.0037	0.0010	0.0036	0.7762	5.5601	6

表 12.4　　　　　　　不同土壤深度处的均值、标准差、自相关系数计算结果

土壤含水率 序列	均值 （$\times 10^{-6}$）	标准差	自 相 关 系 数				
			1	2	3	4	5
10	7.8331	3.9688	0.4361	0.0723	0.1570	-0.2287	-0.0493
20	2.5741	3.6486	0.2933	0.1256	-0.1721	—	—
40	11.4995	4.1112	0.3391	0.1475	0.2217	—	—
60	6.2410	3.7910	0.1963	0.2008	-0.1310	—	—
80	9.9079	4.2536	0.2421	0.2227	0.2684	—	—
100	9.4247	4.1824	0.1451	0.2760	-0.2130	—	—

　　根据式（12-17）确定残差项 ξ'_t，分别对序列 ξ'_t 的自相关系数与均值进行计算，经计算序列 ξ'_t 的自相关系数值均在显著性水平 $a=0.05$ 时的临界相关系数之内；各序列的均值均趋近于零。因此，ξ'_t 序列是一个独立的残差序列，将上述趋势项、周期项、随机项模型叠加后得到的土壤相对含水率时间序列模型对土壤含水率的动态变化过程进行拟合与预测。

4. 模型拟合及预测成果检验

　　依据上述所建模型，对各处理水稻插秧后第 $5 \sim 55\text{d}$，10cm、20cm、40cm、

60cm、80cm、100cm 土层深度内土壤相对含水率数据进行拟合，并对第 60d 土壤相对含水率进行预测，并与实际观测值进行比较，结果见表 12.5、如图 12.11～图 12.14 所示。

表 12.5 模型预测值与实测值相对误差表

处理编号	土层深度/cm	预测值	实际值	相对误差/%
处理 1	10	91.9	93	1.18
	20	83.4	82.6	0.93
	40	88.2	87.4	0.88
	60	82.7	81	2.10
	80	84.5	82	3.01
	100	77.6	77	0.74
处理 2	10	77.6	77	0.78
	20	64.1	63.4	1.05
	40	67.7	67.5	0.35
	60	61.9	61.5	0.70
	80	63.2	62.5	1.12
	100	59.8	60	0.28
处理 3	10	88.7	88	0.80
	20	81.5	81	0.62
	40	86.0	85.5	0.58
	60	80.0	78.5	1.95
	80	81.7	80	2.13
	100	71.0	71.5	0.75
处理 11	10	83.8	83	0.92
	20	74.2	73.5	0.95
	40	80.1	80	0.12
	60	76.8	75	2.36
	80	78.4	76.5	2.44
	100	68.1	68.5	0.58

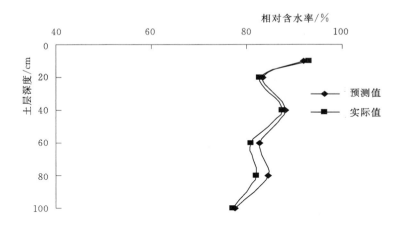

图 12.11　处理 1 时间序列模型预测繁第 60d 土壤相对含水率

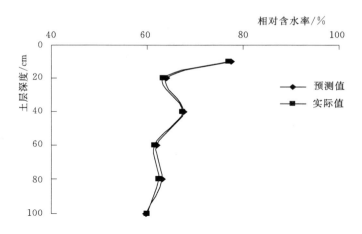

图 12.12　处理 2 时间序列模型预测第 60d 土壤相对含水率

从图 12.11～图 12.14 可以看出，模型预测值与实际观测值数据趋势基本一致，相对误差均在合理范围内（5％以内），说明预测点与实测点吻合较好。可见，时间序列分析模型能以较高的精度去预测土壤含水率在较长时间段内的动态变化过程。在实际应用中，只需将预测点之前的若干点土壤含水率数据输入所建模型，便可以计算出该预测点的土壤含水率数据，从而可以对未来土壤含水率的变化状况作进一步递推式预测，对土壤墒情进行预先评估，为进一步研究水稻需水、耗水规律提供帮助。

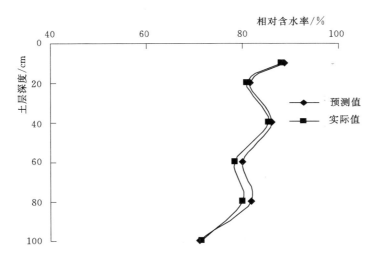

图 12.13 处理 3 时间序列模型预测第 60d 土壤相对含水率

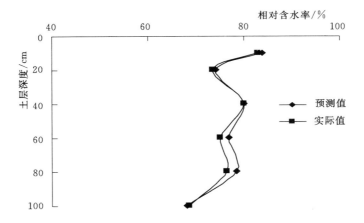

图 12.14 处理 11 时间序列模型预测第 60d 土壤相对含水率

参 考 文 献

[1]　周文佐，刘高焕，潘剑君. 土壤有效含水量的经验估算研究 [J]. 干旱区资源与环境，2003，17 (4)：88 - 95.

[2]　Bertrand A R. Rate of water intake in the field in Methods of soil Analysis [J]. Am Soc Agron，1965，9.

[3]　Bavel V，Underwood C H M. Soil moisture measurement by neutron moderation [J]. Soil Science，1956，82 (1)：29 - 42.

[4]　张善文，雷英杰，冯有前. MATLAB 在时间序列分析中的应用 [M]. 西安：西安电子科技大学出版社，2007.

[5]　姜向荣. 短时间序列预测建模及应用研究 [D]. 北京：北京邮电大学经济管理学院，2009.

[6]　张永强，苑薇薇. 多变量时间序列的短期负荷预测模型及其方法研究 [J]. 沈阳理工大学学报，2012，31 (4)：43 - 47.

[7]　任海军，张晓星，孙才新，等. 短期负荷多变量混沌时间序列正则化回归局域预测方法 [J]. 计算机科学，2010，37 (7)：220 - 224.

[8]　Sangakkara U R，Frehner M，Nosberer J. Effect of soil moisture and postassium fertilizer on shoot water potential，photosynthesis and partitioning of Carbon mungbean and cowpea [J]. Journal of Agronomy and crop Science，2000，185 (3)：201 - 207.

[9]　Dobriyal P，Qureshi A，Badola R，et al. A view of the methods available for estimating soil moisture and its implication for water resource management [J]. Journal of Hydrology，2012 (458)：110 - 117.

第 13 章

水稻蒸腾蒸发量试验研究
与模型的建立

棵间蒸发、植株蒸腾以及构成植株体内的水量之和统称为蒸腾蒸发量，简称腾发量。由于构成植株体内的水量相比于棵间蒸发、植株蒸腾量很小，一般小于1％，通常可忽略不计。因此对于水稻来说，计算过程中腾发量在数量上等于丰产水平条件下植株蒸腾与棵间蒸发量之和，即水稻需水量[1-4]。作物需水量是农业用水的重要组成部分，近年来，随着研究的不断深入，大量试验资料表明，作物蒸发量的大小与当地气象资料（风速、日照时间、温度、饱和水汽差）、土壤含水量、灌溉施肥措施、农艺技术措施、作物种类等有关[5,6]。目前，全球的用水量不断增长，水资源日益短缺，因此开展对作物需水量计算的研究已成为一个重要的研究课题。

通过作物蒸腾蒸发量的计算及需水规律的研究，不仅可以提高其水分生产效率，也可以为作物灌溉制度的科学制定提供理论依据[7-10]。目前，对作物需水量的计算主要有两方面：一方面是直接通过田间试验的方法测定，通过水量平衡法来计算其需水量；另一方面，采用某些计算方法来确定作物需水量[11-18]。本章将采用实测水稻各生育时期腾发量，然后与其各气象因子之间建立多元回归模型，进行相关分析，即直接相关法，利用生育期内气象数据，选取一个或多个因子（风速 u、日照时间 h、温度 T、饱和水汽差 d）分别建立回归方程，建立经验回归模型，然后采用主成分分析方法对经验回归模型进行修正并对其进行预测。

13.1　水稻腾发量的经验线性回归模型的建立

在土壤—作物—大气等 SPAC 连续系统中，气象条件是影响水稻腾发量的关键[5,6]。本节选取水稻一生中的 7 个生育时期，即返青期、分蘖前期、分蘖中期、分蘖末期、拔孕期、抽开期、乳熟期，根据黑龙江庆安灌溉试验中心 2015 年度试验观测资料，绘制出水稻各生育时期蒸发量（ET）、风速（u）、日照时间（h）、温度（T）及饱和水汽差（d）的变化曲线图，如图 13.1 所示。

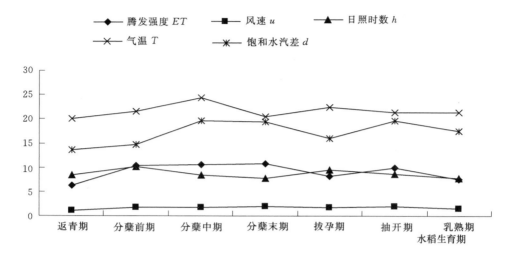

图 13.1　水稻腾发量与气象因子的变化曲线图

从图 13.1 可以看出，水稻需水量与各气象因子之间的关系较为密切，5 条曲线变化规律基本一致，但个别曲线存在差异，主要是由于水稻需水量除受气象因素影响外，还受土壤含水率、农艺措施等其他因素影响，说明影响水稻腾发量的因素错综复杂。仅靠各种曲线不足以充分表达其变化规律及相关关系，尚需要根据实测资料，从数理统计方面定量去分析。

13.1.1　单气象因子对水稻腾发量的影响

1. 风速与水稻腾发量的关系

风速对水稻腾发量的影响主要是通过水汽扩散理论来体现的。水气扩散阻力越大，蒸腾作用降低，反之降低。依据本试验实测水稻腾发量及风速数据，经回归分析，建立一元二次方程，相关系数较高，即

$$ET = 8.1732 - 5.8878u + 3.6758u^2 \quad (R^2 = 0.8443) \qquad (13-1)$$

从式（13-1）可以看出，在一定范围内，风速增加，水汽扩散阻力越小，气孔

开度增大，腾发量随之增加。

2. 日照时数与水稻腾发量的关系

水稻是喜光作物，太阳光是作物获得蒸发量的主要来源，主要影响其光合作用和气孔的开闭。依据本试验实测水稻腾发量及日照时数数据，经回归分析，建立一元二次方程，相关系数较高，即

$$ET=58.815-11.866h+0.6978h^2 (R^2=0.841) \qquad (13-2)$$

从式（13-2）可以看出，随着日照时间的增加，一方面，水稻获得的能量增多，光合作用逐渐增强；另一方面，有光时气孔开张，而气孔是水稻蒸腾作用的主要通道。因此，水稻腾发量随着日照时数的增加而增加。

3. 气温与水稻腾发量的关系

气温对水稻腾发量的影响主要通过太阳辐射的热能来体现，太阳辐射的热能越多，地表吸收和累积的热能就越多，地表温度因此越高，则地表向大气反射的长波越多，气温就越高。依据本试验实测水稻腾发量及气温数据，经回归分析，建立一元二次方程，相关系数较高，即

$$ET=-29.577+3.0129T-0.0565T^2 (R^2=0.854) \qquad (13-3)$$

从式（13-3）可以看出，水稻腾发量与气温基本成正比，当温度升高时，气孔开度增大，蒸腾作用较强，但是超过一定温度时，会使水稻气孔关闭，从而影响水稻蒸腾蒸发作用。

4. 饱和水汽差与水稻腾发量的关系

饱和水汽差即空气中实际水汽压与饱和水汽压之差，是反应空气湿度与干燥程度的重要指标。依据本试验实测水稻腾发量及气温数据，经回归分析，建立一元二次方程，相关系数较高，即

$$ET=14.304-1.1277d+0.0471d^2 (R^2=0.8457) \qquad (13-4)$$

从式（13-4）可以看出，饱和水汽差越大，内外气压差越大，蒸腾作用越强。

13.1.2　多个气象因子对水稻腾发量的影响

由于水稻腾发量受诸多因素影响，单个因素不足以揭露其需水规律，因此为了更全面地反映气象因素对其影响的规律，本试验分别建立了二元回归模型、三元回归模型、四元回归模型。

1. 二元回归模型的建立

在风速、日照时数、气温、饱和水汽差各因子中进行两两组合，建立二元回归模型，见式（13-5）～式（13-11）。

（1）以风速、日照时数为因子建立二元回归模型

$$ET=-0.6782+5.3153u+0.0808h\,(R^2=0.8510) \tag{13-5}$$

（2）以风速、气温为因子建立二元回归模型

$$ET=-2.0683+5.1111u+0.1124T\,(R^2=0.8542) \tag{13-6}$$

（3）以风速、饱和水汽差为因子建立二元回归模型

$$ET=-0.2866+5.0040u+0.0487d\,(R^2=0.8510) \tag{13-7}$$

（4）以日照时数、气温为因子建立二元回归模型

$$ET=-1.9871+0.0411h+0.4950T\,(R^2=0.8015) \tag{13-8}$$

（5）以日照时数、饱和水汽差为因子建立二元回归模型

$$ET=-13.5235+1.2654h+0.6755d\,(R^2=0.8309) \tag{13-9}$$

（6）以气温、饱和水汽差为因子建立二元回归模型

$$ET=-2.2890+0.1956T+0.4154d\,(R^2=0.8747) \tag{13-10}$$

2. 三元回归模型的建立

在风速、日照时数、气温、饱和水汽差各因素中进行三因素组合，建立三元回归模型，见式（13-11）~式（13-14）。

（1）以风速、日照时数、气温为因子建立三元回归模型

$$ET=-2.4117+5.1122u+0.0529h+0.1069T(R^2=0.8546) \quad (13-11)$$

（2）以风速、日照时数、饱和水汽差为因子建立三元回归模型

$$ET=-6.2905+3.4104u+0.5569h+0.2745d(R^2=0.8632) \quad (13-12)$$

（3）以风速、气温、饱和水汽差为因子建立三元回归模型

$$ET=-2.0990+4.9141u+0.1037T+0.0322d(R^2=0.8548) \quad (13-13)$$

（4）以日照时数、气温、饱和水汽差为因子建立三元回归模型

$$ET=-12.125+1.4447h-0.1965T+0.7511d(R^2=0.8402) \quad (13-14)$$

3. 四元回归模型的建立

以风速、日照时数、气温、饱和水汽差为影响因素建立四元回归模型，即

$$ET=-6.3562+3.2697u+0.6160h-0.0327T+0.3036d(R^2=0.8633)$$

$$(13-15)$$

13.1.3 模型检验与选择

13.1.3.1 模型的检验

根据风速（u）、日照时间（h）、温度（T）及饱和水汽差（d）与水稻蒸腾蒸发量（ET）之间的回归模型，分别对其单个影响因子（一元回归模型）、多个影响因子

（二元回归模型、三元回归模型、四元回归模型）进行方差分析和显著性检验，其结果见表13.1～表13.8。

表 13.1 一元回归模型方差分析

回归模型	变异来源	自由度 df	平方和 SS	均方 MS	F	显著水平下 F 的临界值
A	回归	2	14.2680	7.1340	5.8209	0.0654
	残差	4	4.9024	1.2256		
	总计	6	19.1704			
B	回归分析	2	1.3605	0.6802	0.1528	0.8631
	残差	4	17.8099	4.4525		
	总计	6	19.1704			
C	回归分析	2	3.1706	1.5853	0.3963	0.6966
	残差	4	15.9997	3.9999		
	总计	6	19.1704			
D	回归分析	2	8.5446	4.2723	1.6083	0.3072
	残差	4	10.6257	2.6564		
	总计	6	19.1704			

注　表中 A、B、C、D 分别代表风速、日照时数、温度、饱和水汽差回归方程。

表 13.2 一元回归模型显著性检验

回归模型	系数	标准误差	t 检验	P 值	下限 95.0%	上限 95.0%
A	常数	14.3462	0.5697	0.5993	−31.6581	48.0045
	u	19.3872	−0.3037	0.7765	−59.7155	47.9398
	u^2	6.3335	0.5804	0.5928	−13.9088	21.2605
B	常数	127.2988	0.5786	0.5939	−279.786	427.0897
	h	28.6613	−0.5144	0.6341	−94.3184	64.8344
	h^2	1.6019	0.5213	0.6297	−3.61242	5.2825

回归模型	系数	标准误差	t 检验	P 值	下限 95.0%	上限 95.0%
C	常数	188.4186	−0.1570	0.8829	−552.711	493.5568
	T	16.9752	0.1775	0.8678	−44.1178	50.1435
	T^2	0.3811	−0.1482	0.8894	−1.11459	1.0017
D	常数	46.8338	0.3054	0.7753	−115.728	144.3354
	d	5.6463	−0.1997	0.8514	−16.8043	14.5488
	d^2	0.1672	0.2816	0.7922	−0.4171	0.5112

表 13.3 二元回归模型方差分析

回归模型	变异来源	自由度 df	平方和 SS	均方 MS	F	显著水平下 F 的临界值
A	回归分析	2	13.8825	6.9412	5.2507	0.0761
	残差	4	5.2879	1.3220		
	总计	6	19.1704			
B	回归分析	2	13.9888	6.9944	5.3994	0.0731
	残差	4	5.1816	1.2954		
	总计	6	19.1704			
C	回归分析	2	13.8976	6.9488	5.2714	0.0757
	残差	4	5.2728	1.3182		
	总计	6	19.1704			
D	回归分析	2	3.0897	1.5449	0.3843	0.7036
	残差	4	16.0807	4.0202		
	总计	6	19.1704			
E	回归分析	2	13.2345	6.6173	4.4592	0.0959
	残差	4	5.9358	1.4840		
	总计	6	19.1704			

续表

回归模型	变异来源	自由度 df	平方和 SS	均方 MS	F	显著水平下 F 的临界值
	回归分析	2	8.7281	4.3640	1.6717	0.2967
F	残差	4	10.4423	2.6106		
	总计	6	19.1704			

表 13.4　三元回归模型方差分析

回归模型	变异来源	自由度 df	平方和 SS	均方 MS	F	显著水平下 F 的临界值
	回归分析	3	14.0001	4.6667	2.7078	0.2175
A	残差	3	5.1702	1.7234		
	总计	6	19.1704			
	回归分析	3	14.2825	4.7608	2.9220	0.2010
B	残差	3	4.8879	1.6293		
	总计	6	19.1704			
	回归分析	3	14.0065	4.6688	2.7124	0.2171
C	残差	3	5.1638	1.7213		
	总计	6	19.1704			
	回归分析	3	13.5334	4.5111	2.4008	0.2454
D	残差	3	5.6369	1.8790		
	总计	6	19.1703			

表 13.5　二元回归模型显著性检验

回归模型	系数	标准误差	t 检验	P 值	下限 95.0%	上限 95.0%
	常数	5.5098	−0.1231	0.9080	−15.9757	14.6194
A	u	1.6483	3.2230	0.0322	0.7360	9.8887
	h	0.5622	0.1438	0.8926	−1.4801	1.6418

回归模型	系数	标准误差	t 检验	P 值	下限 95.0%	上限 95.0%
B	常数	7.0300	−0.2942	0.7832	−21.5867	17.4501
	u	1.7615	2.9015	0.0440	0.2204	10.0017
	t	0.3499	0.3211	0.7642	−0.8592	1.0840
C	常数	3.2602	−0.0879	0.9342	−9.3382	8.7651
	u	2.4358	2.0544	0.1091	−1.7587	11.7668
	d	0.2714	0.1793	0.8664	−0.7049	0.8023
D	常数	13.9619	−0.1423	0.8937	−40.7517	36.7774
	h	0.9939	0.0414	0.9690	−2.7184	2.8007
	d	0.5789	0.8551	0.4407	−1.1123	2.1022
E	常数	8.7664	−1.5427	0.1978	−37.8628	10.8158
	h	0.6963	1.8172	0.1433	−0.6679	3.1987
	d	0.2275	2.9693	0.0412	0.0439	1.3071
F	常数	9.9858	−0.2292	0.8299	−30.0140	25.4360
	t	0.5036	0.3885	0.7174	−1.2025	1.5938
	d	0.2825	1.4705	0.2154	−0.3689	1.1996

表 13.6 　　　　　　　　　　　　　　四元回归模型显著性检验

回归模型	系数	标准误差	t 检验	P 值	下限 95.0%	上限 95.0%
A	常数	15.8073	−0.4021	0.7265	−74.3694	61.6569
	u	5.8767	0.5564	0.6339	−22.0156	28.5550
	h	1.8108	0.3402	0.7661	−7.1751	8.4071
	t	0.6339	−0.0516	0.9636	−2.7601	2.6947
	d	0.8825	0.3440	0.7636	−3.4936	4.1008

表 13.7　　　　　　　　　　　　　三元回归模型显著性检验

回归模型	系数	标准误差	t 检验	P 值	下限 95.0%	上限 95.0%
A	常数	9.1431	−0.2638	0.8090	−31.5090	26.6856
	u	2.0318	2.5161	0.0865	−1.3539	11.5784
	h	0.6508	0.0813	0.9403	−2.0181	2.1240
	t	0.4092	0.2613	0.8108	−1.1953	1.4092
B	常数	12.8731	−0.4887	0.6586	−47.2583	34.6773
	u	4.2524	0.8020	0.4812	−10.1227	16.9435
	h	1.1458	0.4861	0.6602	−3.0894	4.2032
	d	0.5539	0.4955	0.6543	−1.4884	2.0373
C	常数	8.1092	−0.2588	0.8125	−27.9062	23.7081
	u	2.8062	1.7512	0.1782	−4.0164	13.8447
	t	0.4123	0.2516	0.8176	−1.2082	1.4157
	d	0.3170	0.1017	0.9254	−0.9765	1.0410
D	常数	10.4691	−1.1582	0.3306	−45.4423	21.1923
	h	0.9034	1.5992	0.2081	−1.4303	4.3198
	t	0.4926	−0.3988	0.7167	−1.7641	1.3712
	d	0.3186	2.3576	0.0996	−0.2628	1.7650

表 13.8　　　　　　　　　　　　　四元回归模型方差分析

回归模型	变异来源	自由度 df	平方和 SS	均方 MS	F	显著水平下 F 的临界值
A	回归	4	14.2890	3.5722	1.4636	0.4444
	残差	2	4.8814	2.4407		
	总计	6	19.1704			

13.1.3.2 模型的选择

经腾发量的计算各回归模型精度比较见表 13.9。

表 13.9　　　　　　　　　腾发量计算的各回归模型精度比较

一元回归模型	标准误差/%	二元回归模型	标准误差/%	三元回归模型	标准误差/%	四元回归模型	标准误差/%
A	11.0706	A	11.4977	A	13.1279	A	15.6227
B	21.1009	B	11.3816	B	12.7644		
C	19.9998	C	11.4813	C	13.1197		
D	16.2986	D	20.0504	D	13.7076		
		E	12.1818				
		F	16.1573				
平均	17.1174	平均	13.7917	平均	13.1799	平均	15.6227

从表 13.9 可以看出，各回归模型计算出水稻腾发量的精度（标准误差）大致为：三元回归模型＞二元回归模型＞四元回归模型＞一元回归模型。以上关于气象因子与水稻各生育时期之间的各种多元回归模型具有一定的适用性和代表性，为进一步研究寒地黑土地区的水稻需水规律提供理论依据与计算方法。

13.2　基于主成分分析方法在水稻腾发量计算中的应用

从第 13.1 节可以看出，在多元回归方程拟合过程中，由于自变量之间存在多重相关性，造成计算结果误差较大。本节尝试采用主成分分析方法对多元线性回归模型进行修正。主成分分析方法是设法克服原有指标间的多重相关性，将原有指标通过相关方法重新组合成一组新的互不相干的指标尽可能多地来反映原有指标的信息，从而能更准确地对因变量进行拟合，提高精度，降低误差[19-24]。

13.2.1　分析目标与提取方法

1. 分析目标

主成分分析方法的目标就是在信息损失减小的前提下，对高维变量空间进行降维处理，力求多变量数据最佳综合简化并且能反映实际问题，虽然会损失一部分数据信息，但在某些实际问题中抓住主要矛盾往往得益会比损失大。

2. 提取方法

主成分分析是考察多个变量间相关性的一种多元统计方法，通常数学上的处理就是将原来 P 个指标作线性组合，作为新的综合指标。

选取 F_1（第一个线性组合，即第一个综合指标）的方差来表达，即 $Var(F_1)$ 越大，表示 F_1 包含的信息越多。因此，在所有的线性组合中选取的 F_1 应该是方差最大的，故称 F_1 为第一主成分。如果第一主成分不足以代表原来 P 个指标的信息，再考虑选取 F_2 即选第二个线性组合，为了有效地反映原来信息，F_1 已有的信息就不需要再出现在 F_2 中，即 F_1 与 F_2 的协方差为零，用数学语言表达就是要求 $Cov(F_1, F_2)$ ＝0，则称 F_2 为第二主成分，依此类推可以构造出第三、第四、……，第 P 个主成分。这些主成分之间互不相关，方差越来越小，因此在实际问题中往往会挑选前几个最大的主成分来进行研究。

若以方差 $Var(F_h)$ 来表示第 h 个主成分携带的信息，则主成分分析的结果应该为

$$Var(F_1) \geqslant Var(F_2) \cdots Var(F_p) \tag{13-16}$$

13.2.2　计算方法

13.2.2.1　计算步骤

主成分分析的计算步骤如下：

（1）步骤 1：数据标准化处理。

$$\overline{x}_{ij} = \frac{x_{ij} - \overline{x}_j}{s_j} \quad (i=1,2,\cdots,n; j=1,2,\cdots,p) \tag{13-17}$$

式中　　x_{ij}——样本数据；

　　　　$\overline{x}_{ij}$——标准化后数据；

　　　　$\overline{x}_j$——x_j 的样本均值；

　　　　s_j——样本的标准差。

（2）步骤 2：计算数据标准化处理后的矩阵 X 的协方差矩阵 V，即相关系数矩阵。

（3）步骤 3：对协方差矩阵 V 的特征值进行求解，取前 m 个特征值 $\lambda_1 \geqslant \lambda_2 \geqslant \cdots \geqslant \lambda_m$，以及对应的特征向量 $\alpha_1, \alpha_2, \cdots, \alpha_m$，要求它们是标准正交的。

（4）步骤 4：求第 h 主成分 F_h。

$$F_h = \sum_{j=1}^{p} \alpha_{hj} x_j \tag{13-18}$$

式中　　F_h——原变量 $x_1, x_2, \cdots, x_p$ 的线性组合；

　　　　α_{hj}——主轴 α_h 的第 j 个分量，即组合系数。

13.2.2.2　辅助分析

1. 变量方差分析

依前面叙述可知，方差越大，数据所包含的信息越多，因此定义累计贡献率 Q_m 有

$$Q_m = \frac{\sum_{h=1}^{m} Var(F_h)}{\sum_{j=1}^{p} s_j^2} \tag{13-19}$$

式中　　$\sum_{j=1}^{p} s_j^2$——原 P 个指标的方差之和；

$\sum_{h=1}^{m} Var(F_h)$——变量方差之和。

$\sum_{h=1}^{m} Var(F_h)$ 取前 m 个主成分累计贡献率超过 80%（含 80%），则可以用 $F_1, F_2, \cdots, F_p$ 来概括原 p 个指标。

2. 解释主成分

（1）组合系数。主成分 $F_1, F_2, \cdots, F_p$ 是原变量 $x_1, x_2, \cdots, x_p$ 的重新组合。根据

式（13-18）可知，组合系数 α_{hj} 是相关系数矩阵 V 的标准化特征向量，对应的特征值为 λ_h，因此可以通过组合系数 α_{hj} 的大小和符号来对主成分 F_h 作出分析和判断，当 α_{hj} 较大时，说明主成分 F_h 与 x_j 关系密切，反之不密切；当系数 α_{hj} 为正时，表明主成分 F_h 与 x_j 关系为正相关，同步增长，负相关时呈反向变化。

（2）相关圆图。对主成分的解释，也可以通过图示的方法来揭示其与变量的相关性，若某变量点越接近圆周，表示其与主成分的相关度较高，反之较低。

3. 特异点

若主成分 F_h 与 x_j 极为相关，即某样本点在主轴上的坐标值极大，远远超过其平均值，通常该点被认为是一个不稳定的因素，若去掉改点，常常会使数据分析的准确性大大改善。则应考虑主成分 F_h，令第 i 个样本点为 h 主轴上的坐标值，则有

$$Var(F_h) = \frac{1}{n}\sum_{i=1}^{n} F_h^2(i) = \lambda_h \qquad (13-20)$$

式中　$Var(F_h)$——h 轴上变量的方差；

　　　　λ_h——h 轴变量的特征值。

因此，第 i 个样本点对 h 主成分的贡献率为

$$CTR(i) = \frac{F_h^2(i)}{n\lambda_h}$$

$$\sum_{i=1}^{n} CTR(i) = 1 \qquad (13-21)$$

式中　$CTR(i)$——第 i 个样本点对 h 轴主成分的贡献率。

通常情况下，当一个样本点对主成分 F_h 的贡献率超过 $\frac{1}{n}$ 时，则认为该点为特异点，即

$$CTR(i) = \frac{F_h^i(i)}{n\lambda_h} > \frac{1}{n} \qquad (13-22)$$

13.2.3　模型的应用与评价

根据上述建模步骤，建立水稻各生育时期腾发量与气象因子模型，对其进行主成

分分析。

1. 数据标准化处理

自变量标准化后数据见表 13.10。

表 13.10　　　　　　　　　　　　自变量标准化后数据表

处理编号	X_1	X_2	X_3	X_4
1	-2.0760	-0.2799	-1.1661	-1.4342
2	0.1619	1.6699	-0.0626	-1.0285
3	0.3192	-0.3646	1.9008	0.9859
4	0.9764	-1.0072	-0.8411	0.8687
5	0.2973	0.9955	0.5081	-0.4593
6	0.6447	-0.0165	-0.1771	0.9685
7	-0.3234	-0.9972	-0.1621	0.0989

2. 协方差矩阵 V

对表 13.10 标准化数据矩阵 X 进行求协方差矩阵 V，使任意两变量间的协方差恰好等于其相关系数，其相关系数见表 13.11。

表 13.11　　　　　　　　　　　　自变量标准化后的相关系数

R	X_1	X_2	X_3	X_4
X_1	1			
X_2	0.0599	1		
X_3	0.3809	0.1744	1	
X_4	0.8382	-0.5204	0.4099	1

3. 特征值及贡献率计算

对其相关系数矩阵进行主成分分析计算，其特征值及贡献率见表 13.12。

表 13.12   特 征 值 及 贡 献 率

序号	特征值	方差贡献率 α_j/%	累计方差贡献率 $\sum\alpha_j$/%
1	2.1634	53.20	53.20
2	1.2598	30.98	84.18
3	0.6102	15	99.18
4	−0.0335	0.82	100

根据表 13.12，可以看出前两项指标特征值累计贡献率为 84.18%，已超过 80%。因此取前两项指标特征值，代替全部测量指标所携带的信息，并计算出相应的特征向量，见表 13.13。

表 13.13   特 征 向 量

主轴	X_1	X_2	X_3	X_4
A_1	0.7118	0.0637	0.2206	0.6638
A_2	−0.1514	−0.7587	−0.4924	0.3988

故前两个主成分如下

第一主成分

$$F_1 = 0.7118X_1 + 0.0637X_2 + 0.2206X_3 + 0.6638X_4 \tag{13-23}$$

第二主成分

$$F_2 = -0.1514X_1 - 0.7587X_2 - 0.4924X_3 + 0.3988X_4 \tag{13-24}$$

综合以上 F_1、F_2 两个主成分，构造新的综合评价函数，即

$$F = \alpha_1 F_1 + \alpha_2 F_2 = 0.3318X_1 - 0.2012X_2 - 0.0352X_3 + 0.4767X_4 \tag{13-25}$$

换算成 Y 对 X 的回归方程，见式（13-26）。

$$Y = 2.0786X_1 - 0.4301X_2 - 0.0438X_3 + 0.3328X_4 + 3.5046 \qquad (13-26)$$

4. 回归方程拟合精度与评价

根据回归方程（13-26）计算出水稻需水量的拟合值，并于实测值进行比较，相对误差见表 13.14 及图 13.2。

表 13.14 　　　　　　　　　　　　　　回归方程拟合质量

水稻各生育期	拟合值	实测值	相对误差/%
返青期	5.8181	6.2383	6.7367
分蘖前期	6.7200	7.2936	7.8651
分蘖中期	9.1380	10.6488	14.1872
分蘖末期	9.8315	10.8900	9.7197
拔孕期	7.4920	8.1231	7.7695
抽开期	9.3217	9.9407	6.2276
乳熟期	8.3585	7.5858	10.1861

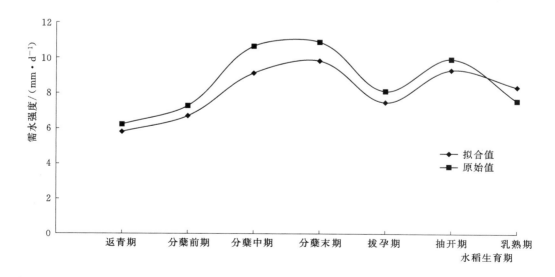

图 13.2　实测值与拟合值的比较

　　通过表 13.14 及图 13.2，进入主成分的指标为风速、气温。采用主成分分析模型的拟合值与实测值相比较，相对误差低于传统的多元线性回归模型，其离散程度有了很大的改善，说明主成分分析方法克服了多元回归中多重相关的不良作用，集中提取的前几个主要成分对自变量系统有很强的概括能力，为水稻腾发量的计算、预测及评价等提供了新的有效方法。

　　线性回归模型，其离散程度有了很大程度的改善，拟合值与实测值的相对误差大大降低。说明主成分分析方法，对自变量系统有很强的概括能力，从而能为水稻腾发量的计算、预测及评价等提供新的有效方法。

参 考 文 献

［1］ Agrawal M K，Sudhindra N P，Panigrahi B. Modeling water balance parameters for rainfed rice ［J］. Journal of Irrigation and Drainage Engineering，2004，130（1）：129 - 139.

［2］ Arora V K. Application of a rice growth and water balance model in an irrigated semiarid subtropical environment ［J］. Agricultural Water Management，2006，83（1 - 2）：51 - 57.

［3］ 陈玉民，郭国双，王广兴. 中国主要农作物需水量与灌溉 ［M］. 北京：水利电力出版社，1995.

［4］ 李远华，张明柱，谢礼贵，等. 非充分灌溉条件下水稻需水量计算 ［J］. 水利学报，1995（2）：64 - 69.

［5］ 宫本硬一，日野義一. 根据气象系数进行水田蒸发量区划 ［J］. 农田水利与小水电，1983（6）：12 - 14.

［6］ 徐俊增，彭世彰，张瑞美，等. 基于气象预报的参考作物蒸发蒸腾量的神经网络预测模型 ［J］. 水利学报，2006，37（3）：376 - 379.

［7］ Amayreh J，Al - Abed N. Developing crop coefficients for field - grown tomato under drip irrigation with black plastic multh. Agricultural Water Management，2005，73（3）：247 - 254.

［8］ Gerson A，Medeiros，Flavio B A，et al. The influence of crop canopy on evapotranspiration and crop coefficient of beans. Agricultural Water Management，2001，49（3）：211 - 224.

［9］ 丛振涛，雷志栋，杨诗秀. 基于SPAC理论的田间腾发量计算模式 ［J］. 农业工程学报，2004，20（2）：6 - 9.

［10］ 马灵玲，占车生，堂伶俐，等. 作物需水量研究进展的回顾与展望 ［J］. 干旱区地理，2005，28（4）：532 - 537.

［11］ Bausch W C. Remote sensing of crop coefficients for improving the irrigation scheduling of corn ［J］. Agricultural Water Management，1995，27（1）：55 - 68.

［12］ Hossein D，Tahei Y，Velu R. Assessment of evapotranspiration estimation models for use in semi - arid environments ［J］. Agricultural Water Management，2004，64（2）：91 - 106.

［13］ Howell T A，Schneider A D，Dusek D A. Effects of furrow diking on corn response to limited and full sprinkler irrigation ［J］. Soil Science Society of America Journal，2002，66（1）：222－227.

［14］　白薇，冯绍元，康绍忠. 基于 GIS 的山西省参考作物腾发量研究 ［J］. 农业工程学报，2006，22（10）：57－61.

［15］　李恩，康绍忠，朱治林，等. 应用涡度相关技术监测地表蒸发蒸腾量的研究进展 ［J］. 中国农业科学，2008，41（9）：2720－2726.

［16］　刘昌明，张喜英，由懋正. 大型蒸渗仪与小型棵间蒸发器结合测定冬小麦蒸散的研究 ［J］. 水利学报，1998，（10）：36－39.

［17］　屈艳萍，康绍忠，张晓涛，等. 植物蒸发蒸腾量测定方法评述 ［J］. 水利水电科技进展，2006，26（3）：72－77.

［18］　孙宏勇，刘昌明，张永强，等. 微型蒸发器测定土面蒸发的试验研究 ［J］. 水利学报，2004（8）：114－119.

［19］　盖钧镒. 试验统计方法 ［M］. 北京：中国农业出版社，2000.

［20］　宁海龙. 田间试验与统计方法 ［M］. 北京：科学出版社，2011.

［21］　I T Jolliffe. Principal Component Analysis 2th edition ［M］. New York：Sprink，2002.

［22］　何晓群. 现代统计分析方法与应用 ［M］. 北京：中国人民大学出版社，2012.

［23］　杨开睿，孟凡荣，梁志贞. 一种自适应权值的算法 ［J］. 计算机工程与应用，2012，48（3）：189－191.

［24］　纪荣芳. 主成分分析法中数据处理方法的改进 ［J］. 山东大学学报，2007，26（5）：95－98.

第 14 章

水稻水肥耦合优化方案
试验研究

水稻是我国主要的粮食作物，总产量居世界第一位。但在我国，据统计作物产量每增加 10％就要投入 90％的化肥用量，缺水年可能还要更严重。较低的水肥利用效率水平严重制约着作物的生产潜力，但并不意味着水肥投入量不可调控、产量不能提高[1,2]。

在农业生产中，水、肥两因素直接影响着作物的产量、品质和效益。同时水、肥对作物生长的影响并非孤立的，而是相互作用相互影响的。因此在农业生态系统中，水肥耦合是指水与肥料之间或水与肥料中氮、磷、钾等因素之间的相互作用对作物生长及其利用效率的影响。水肥耦合效应则是指水肥耦合对作物生长（尤其是产量）和水肥利用效率的宏观表现。水肥调控是指在一定条件下水肥耦合效应达到最优时对应的灌水和施肥等各项工程及农艺措施[3,4]。

在农业生产中，施肥可以促进根系生长发育，弥补土壤中养分的不足，增加深层土壤水上移的能力，增加土壤水库容量，不仅可以提高作物产量，还能显著提高水分利用效率，使有限的灌溉水得到更充分的利用。

同样，水分也可以促进肥料利用效率的提高，不仅影响土壤有机氮的矿化，还影响铵态氮在土壤中的硝化。不同的灌水量对土壤养分运移与分布有着一定的影响，同时影响着作物对养分的吸收[5,6]。

采用试验 I 方案设计，在 2015 年、2016 年连续两个年度 5—9 月在黑龙江省庆安县和平灌区对水、氮、磷、钾肥与水稻产量及水分利用效率之间的耦合关系展开研究，其实测数据如图 14.1 所示。

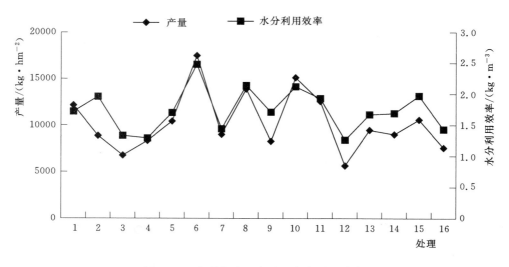

图 14.1　水稻各处理产量及水分利用效率

14.1　不同水肥处理下水稻的生物学特征

不同的水肥处理下，作物的生长形态不同，包括作物的株高、叶面积、分蘖动态及抽穗特性等，这些都是导致产量差异的根本原因。本节从水稻株高、叶面积指数、分蘖动态等方面比较不同水分和施肥处理下的水稻生物学特征。

14.1.1　不同水肥处理对水稻株高的影响

对不同生育时期的水稻株高进行测量，结果见表 14.1。

表 14.1　　　　　　　　　　　　不同水肥处理下平均株高　　　　　　　　　　　单位：cm

处理编号	分蘖前期	分蘖中期	分蘖末期	拔孕期	抽开期	乳熟期
1	23.9	38.7	65.9	77.7	95.1	94
2	20.8	32.5	61.9	69.7	83.7	84.7
3	22.1	32.3	60.5	75.8	86.4	87.2
4	23.1	37.1	65.5	78.5	95	95.1

处理编号	分蘖前期	分蘖中期	分蘖末期	拔孕期	抽开期	乳熟期
5	24.3	36.7	63.5	78.2	91	90.7
6	28.5	39.8	63.6	83.1	101.1	100.1
7	23.8	35.5	63.5	78.7	94.9	95.7
8	27.1	39.8	69.3	85.1	101	100.3
9	24.1	33.5	59.7	75.6	91.5	94.1
10	29.8	37.8	68.7	79.9	99.5	100.4
11	20.6	35.2	69.6	82.4	102.1	100.9
12	21.9	32.6	55.9	68.8	82.3	80.6
13	27.5	33.9	63.3	77.4	96.1	96
14	26.4	36.8	64.8	71.8	94.4	92.3
15	26.5	36.4	66.2	77.9	93.5	92.8
16	25.2	36.8	63.1	74.8	91.5	89.6

根据表 14.1 中的数据可以看出，水稻在整个生育时期株高表现出低—高—低，在抽开期达到最大，此后又减少。在相同的施肥水平下，即通过处理 1（分蘖末期土壤的相对含水量为 80%）和处理 2（分蘖末期土壤的相对含水量为 60%）的比较，处理 2 的株高在全生育时期内都明显低于处理 1，说明水分可以促进植株株高的生长，并且在抽开期差距达到最大，说明此阶段为水分亏缺最敏感阶段，如图 14.2 所示。

在相同的水分条件下，通过处理 3~10（分蘖末期土壤的相对含水量为 75%）可以发现在拔节期之前，株高没有太大差异，说明在株高较低、施肥较少时，植株可以直接从土壤中吸收养分，但随着株高的逐渐增高，尤其是在拔节期后，土壤中的养分已不能满足供应，所以施肥少的植株增长过慢，即 W10>W8>W6>W7>W4>W9>W5>W3；通过处理 11~16（分蘖末期土壤的相对含水量为 65%）可以发现，受施肥水平不同的影响，各处理间的水稻株高偏差较大，尤其是在分蘖中期后更为明显，根据表 14.1 中的数据得知，处理 11 株高最高，处理 12 最低，说明氮肥对水稻株高影响作用较大。

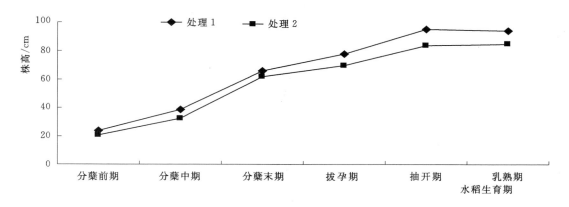

图 14.2　水分控制标准 W1、W4 条件下株高变化规律

处理 14 施钾量为零，处理 16 的施磷量较低，导致株高均较低，但处理 14 略高于处理 16，说明磷肥对水稻的株高影响要大于钾肥的影响作用。

14.1.2　水稻株高与产量的相关分析

依据本试验各处理下水稻的产量，对成熟期的株高与产量进行相关分析，得到的回归方程为

$$\hat{Y}=-158.38+2.3059X \quad (R=0.8^{**}) \tag{14-1}$$

通过回归方程（14-1）可以发现，株高与产量之间存在一定的关系：株高过矮，植株吸收养分、光合作用强度都受到一定的限制，而株高过高，表明长势过猛，倒伏能力增强，在一定程度上都会造成减产。综上所述，株高适中时产量最高。在实际生产中，可以采用本研究中的处理 6 的水肥控制标准。

14.1.3　不同水肥处理对水稻叶面积指数的影响

叶面积指数 LAI（Leaf Area Index）是指单位土地面积上植物叶片总面积占土地面积的比重即

$$叶面积指数=\frac{叶片总面积}{土地面积}$$

在田间试验中，叶面积指数是反映植物群体生长状况的一个重要指标，本试验各处理的叶面积指数见表 14.2。

表 14.2　　　　　　　　　　　不同水肥处理的叶面积指数

处理编号	返青期	分蘖期	拔孕期	抽开期	乳熟期
1	0.65	4.75	7.70	8.15	5.95
2	0.60	4.10	6.50	7.00	5.45
3	0.40	4.55	6.20	6.75	4.25
4	0.75	5.50	6.90	7.35	5.65
5	0.70	4.25	6.20	6.85	4.65
6	0.30	4.95	7.45	7.85	6.85
7	0.50	3.85	6.55	5.50	4.60
8	0.55	4.70	7.62	8.25	6.80
9	0.70	4.70	6.60	7.10	4.85
10	0.60	4.95	7.20	8.20	6.85
11	0.60	5.30	6.60	7.25	6.45
12	0.50	3.25	4.20	4.65	3.00
13	0.55	4.75	5.40	6.35	3.95
14	0.65	2.95	5.35	5.75	3.90
15	0.40	3.10	5.30	5.70	3.85
16	0.50	2.10	5.20	5.60	3.80

从表 14.2 可以看出，返青期由于植株刚接触土壤，细胞分裂较缓慢，造成叶面积指数较低。返青期过后，根系吸肥、吸水能力、蒸腾、光合作用明显增强，叶面积的生长能力也逐渐提高，抽开期达到最大，成熟期的水分、养分供应基本停止，叶面积指数也随之减小。

通过图 14.3 可以看出，在水分控制 W1、W4 标准条件下，因处理 1 和处理 2 的施肥水平相同，但处理 2 的水稻叶面积指数在全生育时期内要低于处理 1，表明水分

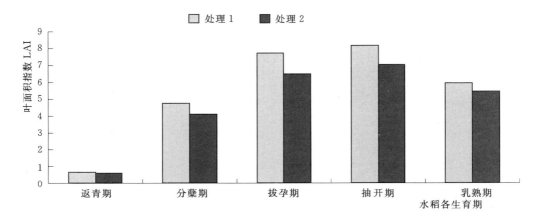

图 14.3　水分控制 W1、W4 标准条件下叶面积指数

对水稻的叶面积增长起促进作用。

　　本试验中水分控制 W2 标准条件下有处理 3～10，因 8 个处理施肥水平不同，从而导致叶面积指数也出现了不同程度的差异。将 8 个处理根据施氮量不同分为 2 组，A 组为处理 3、处理 5、处理 7、处理 9，B 组为处理 4、处理 6、处理 8、处理 10，通过图 14.4 可以看出，B 组的叶面积指数在全生育时期内均高于 A 组，随着施氮量的增加，叶面积指数随之增长，反之减小。因此，可以说明氮肥对水稻的叶面积增长在生育时期内起促进作用。同样对钾肥和磷肥做同样分组，发现叶面积指数并无明显差异，说明钾肥和磷肥对水稻叶面积指数的增长贡献较小，B 组中的处理 4 叶面积指数最低，说明在钾肥和磷肥用量都较小的情况下，影响叶面积的增长，乳熟期 A 组和 B 组相差明显的原因是后期养分供应不足所导致。

　　在水分控制 W3 标准条件下，处理 11～16 施肥水平不同，叶面积指数表现出一

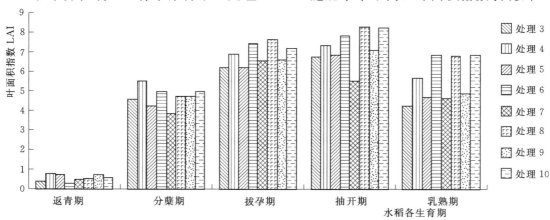

图 14.4　水分控制 W2 标准条件下叶面积指数

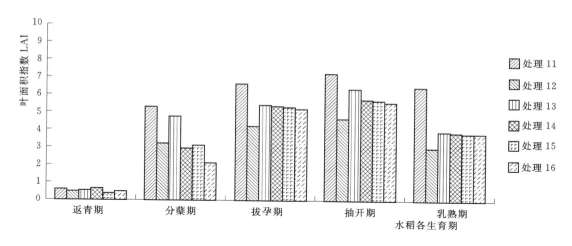

图 14.5　水分控制 W3 标准条件下叶面积指数

定的差异，从图 14.5 可以看出，处于复苏阶段的返青期，各处理叶面积指数无明显变化；返青期过后，处理 11 施氮量最多，因此叶面积指数最大，处理 12 施氮量最少，叶面积指数最低，说明氮肥能促进植株叶面积指数增长。在施氮量相同的情况下，不同的钾肥、磷肥施入量对叶面积指数变化不大，但是磷肥的作用小于钾肥，在 W3 标准条件下，叶面积指数的总体趋势是处理 11＞处理 13＞处理 14＞处理 15＞处理 16＞处理 12。

14.1.4　水稻叶面积指数与需水量的相关分析

水稻叶面积指数的大小直接影响水稻的全生育时期的腾发量即需水量，通过叶面积指数与产量的数据，对其进行相关分析，结果见表 14.3。

表 14.3　　　　　　　各生育时期叶面积指数与腾发量相关分析表

水稻各生育期	相关系数	回归方程
返青期	0.251	$Y=5.84X+14.66$
分蘖期	0.690**	$Y=17.77X+67.30$
拔孕期	0.801**	$Y=16.95X+34.83$
抽开期	0.532**	$Y=2.81X+18.975$
乳熟期	0.732*	$Y=7.72X+54.88$

注　*、**分别表示 0.05 和 0.01 的差异显著水平。

因返青期土壤中的水分和养分用于供给植物体复苏，所以其叶面积指数与腾发量呈不显著相关；分蘖期、拔孕期、抽开期的叶面积指数与腾发量呈极显著相关，乳熟期叶面积指数与腾发量呈显著相关。

14.1.5　水稻叶面积指数与产量的相关分析

针对成熟期水稻的叶面积指数与产量进行相关分析，可以得到回归方程为

$$\hat{Y} = 11.32X + 0.20 \quad (R = 0.84^{**}) \tag{14-2}$$

通过回归方程可以发现，叶面积指数的提高可以在一定程度上提高水稻产量。

14.1.6　不同水肥处理对水稻分蘖特性的影响

所谓分蘖就是水稻腋芽上长成的分支，这种分支会在茎秆基部产生不定根，正常情况下，当幼苗出现 4~5 片叶时就有可能进入分蘖初期，分蘖中的一部分形成有效分蘖是形成水稻产量的重要因素之一，有效分蘖决定了最终水稻单位面积的有效穗数和结实率，所以在农业生产中应采取促进措施，争取更多的有效分蘖并减小无效分蘖。本试验在其他控制条件相同的前提下，仅讨论不同水分及氮肥、钾肥、磷肥对水稻分蘖特性的影响，各处理的分蘖动态数据见表 14.4。

表 14.4　　　　　　　　　　**不同处理的水稻分蘖数**　　　　　　　　单位：株

处理编号	分蘖前期	分蘖中期	分蘖末期	拔孕期	成熟期
1	8	15	18	16	14
2	8	11	14	13	11
3	6	11	15	13	10
4	9	16	17	15	11
5	6	11	14	13	12
6	9	16	20	19	18
7	7	12	15	12	11
8	8	15	20	18	15

处理编号	分蘖前期	分蘖中期	分蘖末期	拔孕期	成熟期
9	7	13	15	13	10
10	9	16	19	19	17
11	9	15	19	13	13
12	5	8	11	10	9
13	8	11	13	13	12
14	8	11	14	12	11
15	8	12	16	14	12
16	7	10	12	11	10

将表中数据绘成图 14.6，从图中可以看出，由于返青期控水的影响，导致分蘖前期分蘖数数量少，增加缓慢，各处理间并无明显差异；分蘖中期随着植株不断生长，吸收了较多养分和水分，分蘖速度较快，分蘖数差异较明显，控水标准低的处理分蘖速度较慢，因此差距逐渐拉大；到分蘖末期差距达到最大。进入拔节孕穗期，分蘖开始逐渐减少，一些分蘖曲线出现"此消彼长"的现象，另一些处理曲线持平。总体来看整个生育时期分蘖速度的增长与减少比较复杂，但是水分对水稻分蘖影响较大，控水标准越高，分蘖数越多，增长速度也较快，反之减少。

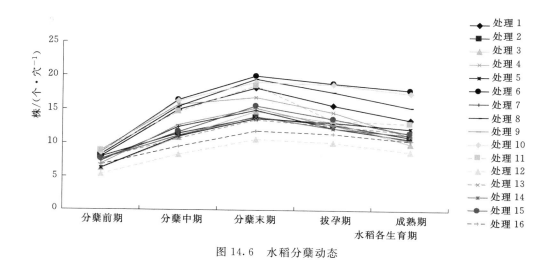

图 14.6　水稻分蘖动态

14.2　水肥产量耦合效应回归模型的建立

14.2.1　回归模型的建立

以水稻实测产量 Y 为因变量，以 X_1（施氮量）、X_2（施钾量）、X_3（施磷量）、X_4（土壤含水率）的编码值作为多项式回归分析的自变量，运用 MATLAB7.1 软件通过回归分析得到水稻产量与施氮量、施钾量、施磷量、土壤含水率之间的回归方程为

$$Y = 15506.12 + 2706.20X_1 + 1153.33X_2 + 622.26X_3 + 1322.46X_4 + 928.95X_1X_2$$
$$+ 432.21X_1X_3 + 778.11X_1X_4 - 1582.95X_2X_3 + 675.10X_2X_4 + 92.5X_3X_4$$
$$- 1687.92X_1^2 - 1329.67X_2^2 - 1719.31X_3^2 - 2940.81X_4^2 \tag{14-3}$$

对方程进行 F 检验，$F = 51.12 > F_{0.05}(14, 15) = 2.4244$，说明水肥与水稻产量间的回归关系显著。经分析计算，水稻实际产量 x 和水稻预测产量 y 的直线关系如图 14.7 所示，正相关关系 $R^2 = 0.9164$，关系极显著，表明水稻实际产量和水稻预测产量拟合度较好，水稻产量的预测值能够很好地反映水稻产量与施氮量、施钾量、施磷量、土壤含水率四因素之间的关系。

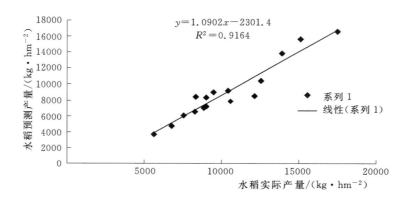

图 14.7　水稻实际产量与水稻预测产量关系图

14.2.2　因子主效应分析

将式（14-3）中各回归项系数进行标准化，因拟合方程过程中已对各系数进行

无量纲线性编码代换，因此可以直接从各回归系数绝对值的大小来判断水、肥各因子对产量的影响程度，系数正负号代表其作用方向。从式（14-3）可以看出，各因子一次项系数均为正值，说明对水稻增产均具有促进作用，且对水稻产量影响的顺序依次为：土壤含水率＞施氮量＞施钾量＞施磷量；交互项系数 X_1X_2、X_1X_3、X_1X_4、X_2X_4、X_3X_4 为正值，说明施氮量与施钾量耦合、施氮量与施磷量耦合、施氮量与土壤含水率耦合、施钾量与土壤含水率耦合、施磷量与土壤含水率耦合均有协同作用，对产量的增加具有促进作用，X_2X_3 为负值，说明施钾量、施磷量耦合具有相互替代作用，多施入钾肥可以节省磷肥，提高磷肥的经济利用，反之，多施入磷肥可以节省钾肥，提高钾肥的经济利用；各二次项系数均为负值，说明过度的投入水、肥既会造成资源的浪费，又会阻碍水稻产量的提高。

14.2.3　单因子效应分析

由于模型中的各项系数都彼此独立，因此可对式（14-3）进行降维分析。当其他因子固定在零水平，另外一个因子作为变量，便可以得到一组单因子对水稻产量的一元二次回归方程。

$$\begin{cases} N: Y_1 = 15506.12 + 2706.20X_1 - 1687.92X_1^2 \\ K_2O: Y_2 = 15506.12 + 1153.33X_2 - 1329.67X_2^2 \\ P_2O_5: Y_3 = 15506.12 + 622.26X_3 - 1719.31X_3^2 \\ W: Y_4 = 15506.12 + 1322.46X_4 - 2940.81X_4^2 \end{cases} \tag{14-4}$$

式中　Y_1——施氮肥情况下的水稻产量；

$\quad\quad Y_2$——施钾肥情况下的水稻产量；

$\quad\quad Y_3$——施磷肥情况下的水稻产量；

$\quad\quad Y_4$——土壤含水率变化对水稻产量的影响。

根据式（14-4）～式（14-7）回归方程可以分析水稻产量随着各自的用量变化，见表 14.5 及图 14.8。

从表 14.5、图 14.8 可以看出，水稻产量与施氮量、施钾量、施磷量、土壤含水量之间的关系图均为开口向下的抛物线形式，表明产量在各因子上投影均存在极大值，各因素都具有显著的增产效应，产量随着各自用量的增加逐渐增加，而达到最大值后，产量开始逐渐降低。

因子	因 子 编 码				
	−1.685	−1	0	1	1.685
施氮量 X_1	6153.79	11112	15506.12	16524.4	15273.68
施钾量 X_2	9787.53	13023.12	15506.12	15329.78	13764.25
施磷量 X_3	9576.62	13164.55	15506.12	14409.25	11673.12
土壤含水率 X_4	4928.15	11242.85	15506.12	13887.77	9384.84

表 14.5 各因子与产量的关系 单位：$kg \cdot hm^{-2}$

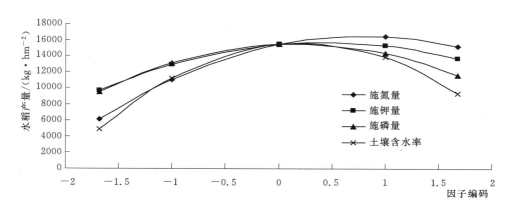

图 14.8 试验单因子效应图

14.2.4 单因子边际效应分析

边际效应可以体现出水稻产量随着各因子投入量的多少变化的速率，从而求出各因子的最佳投入量。不同水肥处理条件下的边际产量可以通过对式（14－4）作一阶导数算出，分别得到施氮量（以下简称氮）、施钾量（以下简称钾）、施磷量（以下简称磷）、土壤含水率（以下简称水）各因子边际效应的方程式，即

$$\begin{cases} \dfrac{dY_1}{dX_1} = 2706.2 - 3375.84X_1 \\[2mm] \dfrac{dY_2}{dX_2} = 1153.33 - 2659.34X_2 \\[2mm] \dfrac{dY_3}{dX_3} = 622.26 - 3438.62X_3 \\[2mm] \dfrac{dY_4}{dX_4} = 1322.46 - 5881.62X_4 \end{cases} \qquad (14-5)$$

根据式（14-5），绘制出水稻产量与氮、钾、磷、水之间的边际效应图，如图 14.9 所示。

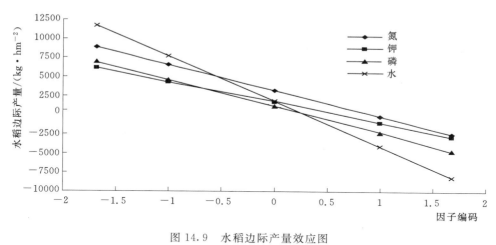

图 14.9 水稻边际产量效应图

从图 14.9 可以看出，随着氮、钾、磷、水四因子投入量的增加，边际产量均呈现出递减趋势，且水＞磷＞氮＞钾。边际效应曲线与 X 轴相交之处为该因子最佳投入量，在最佳投入量之前，边际产量为正效应，之后为负效应。根据函数极值判别方法，即 $\dfrac{\mathrm{d}Y}{\mathrm{d}X}=0$ 时，氮、钾、磷、水各因子编码数分别为：0.8016、0.4437、0.1810、0.2248，对应的最佳投入量分别为 162.33kg·hm^{-2}、100.59kg·hm^{-2}、49.83kg·hm^{-2}、70.49%，当产量达到最高值时，继续增加水、肥投入量时，产量将呈现出负效应，与单因子分析一致。

14.2.5 因子互作效应分析

为了研究两因子间的耦合效应对产量的影响，采用降维的方法对式（14-3）中的任意两个因子的编码值固定在零水平，可以得到两因子间互作效应方程，即

$$\begin{cases} Y_{12}=15506.12+2706.20X_1+1153.33X_2+928.95X_1X_2-1687.92X_1^2-1329.67X_2^2 \\ Y_{13}=15506.12+2706.20X_1+622.26X_3+432.21X_1X_3-1687.92X_1^2-1719.13X_3^2 \\ Y_{14}=15506.12+2706.20X_1+1322.46X_4+778.11X_1X_4-1687.92X_1^2-2940.81X_4^2 \\ Y_{23}=15506.12+1153.33X_2+622.26X_3-1582.95X_2X_3-1329.67X_2^2-1719.31X_3^2 \\ Y_{24}=15506.12+1153.33X_2+1322.46X_4+675.10X_2X_4-1329.67X_2^2-2940.81X_4^2 \\ Y_{34}=15506.12+622.26X_3+1322.46X_4+92.5X_3X_4-1719.31X_3^2-2940.81X_4^2 \end{cases}$$

$$(14-6)$$

　　根据式（14-6）绘制氮与钾、氮与磷、氮与水、钾与磷、钾与水、磷与水对产量影响的曲面图，如图 14.10 所示。

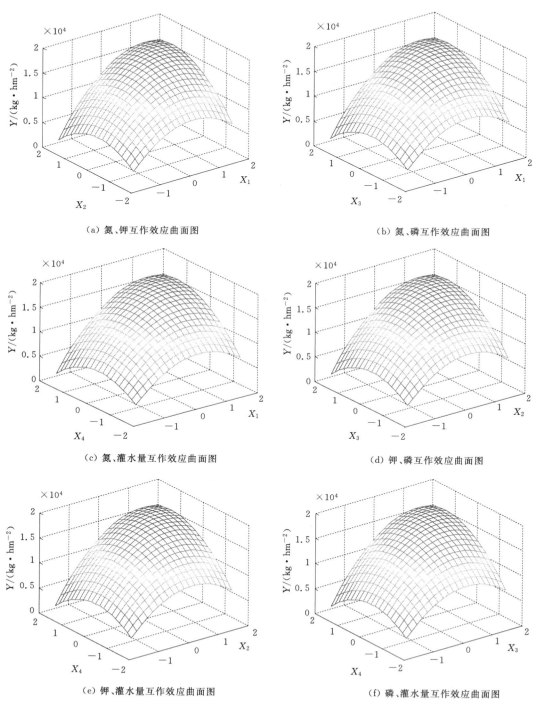

（a）氮、钾互作效应曲面图　　　　　　　　　　（b）氮、磷互作效应曲面图

（c）氮、灌水量互作效应曲面图　　　　　　　　（d）钾、磷互作效应曲面图

（e）钾、灌水量互作效应曲面图　　　　　　　　（f）磷、灌水量互作效应曲面图

图 14.10　两因素交互作用效应分析

从图 14.10 可以看出，两个因子之间的交互作用对水稻产量的影响均表现出先增大，超过一定阈值后产量随之降低；由图 14.10 （a）可以看出氮对产量的影响效果大于钾的影响效果，由图 14.10 （b）可以看出氮对产量的影响效果大于磷的影响效果，由图 14.10 （c）可以看出氮对产量的影响效果大于水的影响效果，由图 14.10 （d）可以看出钾对产量的影响效果大于磷的影响效果，由图 14.10 （e）可以看出水对产量的影响效果大于钾的影响效果，由图 14.10 （f）可以看出水对产量的影响效果大于磷的影响效果。综合来看各交互作用对产量的影响依次为：氮钾＞氮水＞钾水＞氮磷＞磷水＞钾磷。

14.2.6　高产优化方案分析

1. 区间高产优化

采用频率分析法对模型（14-3）进行寻优，运用 MATLAB7.1 软件获取高产方案优化区间，具体步骤如下：

（1）步骤 1：将编码值在试验设计范围内划分出（-1.784，-0.8920，0，0.8920，1.784）5 个水平，构成 $T=5^4=625$ 个处理组合。

（2）步骤 2：将上述组合代入式（14-3），再确定目标内进行所有组合，本书选取目标产量为 $10500 \sim 12000 \mathrm{kg} \cdot \mathrm{hm}^{-2}$，最终选取落在该区间的组合情况。

（3）步骤 3：对各水平 x_i 出现的次数 n_i 与频率 p_i 进行统计分析。

（4）步骤 4：计算平均值 $\overline{x}=\sum_{i=1}^{5} x_i p_i$ 和标准误 $s=\sqrt{\sum_{i=1}^{5} p_i (x_i-\overline{x})^2}$。

（5）步骤 5：计算区间估计 $[\overline{x}-sZ_{a/2}, \overline{x}+sZ_{a/2}]$。经查表，$\alpha=0.05$，$Z_{0.025}=1.96$。

将四个编码值区间分别代入第 11 章的式（11-3）、式（11-6）、式（11-9）及式（11-12），通过上述步骤（1）～（5）进行操作，计算结果见表 14.6。

表 14.6　　　　　　水稻产量 10500～12000kg/hm² 水肥配施方案

编码值	氮		钾		磷		土壤含水率	
	次数	频率/%	次数	频率/%	次数	频率/%	次数	频率/%
-1.784	0	0	0	0	0	0	0	0
-0.8920	36	23.40	37	24.09	34	22.02	43	28.22

续表

编码值	氮		钾		磷		土壤含水率	
	次数	频率/%	次数	频率/%	次数	频率/%	次数	频率/%
0	49	31.66	49	31.66	50	32.35	55	35.80
0.8920	40	26.16	40	26.16	37	24.09	39	25.47
1.784	0	0	0	0	0	0	0	0
平均值	0.1186		0.0090		0.0671		−0.0670	
标准误	1.0465		1.0446		1.0766		0.9420	
95%置信区间	0.2926～0.6249		0.0242～0.5365		−0.0678～0.3737		0.1564～0.5662	
优化方案	129.10～150.79		81.15～105.47		43.19～71.71		70.07%～72.57%	

通过表 14.6 可以看出，当水稻目标产量设定在 10500～12000kg/hm² 时，对应的水、肥配施方案分别是：氮为 129.10～150.79kg·hm⁻²、钾为 81.15～105.47kg·hm⁻²、磷为 43.19～71.71kg·hm⁻²、分蘖末期土壤含水率为饱和含水率的 70.07%～72.57%。

2. 最优化高产方案

采用极值的方法分别对式（14－3）中 4 个因素进行求偏导，令其偏导数为零，然后对应的因素编码值代入式（14－3），获得最优产量与方案，分别对式（14－3）中 X_1（氮）、X_2（钾）、X（磷）、X_4（灌水量）进行求偏导，即

$$\begin{cases} \dfrac{dY}{dX_1}=2706.20+928.95X_2+432.21X_3+778.11X_4-3375.84X_1=0 \\ \dfrac{dY}{dX_2}=1153.33+928.95X_1-1582.95X_3+675.10X_4+2659.34X_2=0 \\ \dfrac{dY}{dX_3}=622.26+432.21X_1-1582.95X_2+92.5X_4-3438.62X_3=0 \\ \dfrac{dY}{dX_4}=1322.46+778.11X_1+675.10X_2+92.5X_3-5881.62X_4=0 \end{cases} \quad (14-7)$$

分别令 $\dfrac{dY}{dX_1}=0$，$\dfrac{dY}{dX_2}=0$，$\dfrac{dY}{dX_3}=0$，$\dfrac{dY}{dX_4}=0$，求得编码值 $X_1=0.5916$、$X_2=$

0.0641、$X_3 = -0.0456$、$X_4 = 0.5023$，即对应的施氮量为 122.51kg·hm^{-2}、施钾量为 83.04kg·hm^{-2}、施磷量为 43.78kg·hm^{-2}、分蘖末期土壤含水率为饱和含水率的 72.18%。此时对应的最优产量为 16754.19kg·hm^{-2}。

14.3　水肥水分利用效率耦合效应回归模型的建立

作物水分利用效率是指每消耗单位体积水所生产的质量，即

$$WUE = \frac{Y}{ET}$$

式中　　WUE——水分利用效率，kg·m^{-3}；

$\quad\quad\quad\quad Y$——经济产量，kg；

$\quad\quad\quad ET$——作物需水量，mm。

水分利用效率是衡量节水农业的一项重要指标。

1. 回归模型的建立

根据图 14.1 中实测数据，建立水分利用效率（WUE）与施氮量（X_1）、施钾量（X_2）、施磷量（X_3）、土壤含水率（X_4）四因子的数学回归模型[9]

$$WUE = 2.33 + 0.22X_1 + 0.15X_2 + 0.12X_3 + 0.02X_4 + 0.06X_1X_2 + 0.05X_1X_3$$
$$+ 0.01X_1X_4 - 0.17X_2X_3 + 0.16X_2X_4 - 0.05X_3X_4 - 0.28X_1^2 - 0.23X_2^2$$
$$- 0.23X_3^2 - 0.34X_4^2$$

$$(14-8)$$

模型中 X_1，X_2，X_3，X_4 分别为施氮量（N）、施钾量（K）、施磷量（P）及土壤含水率（W）的编码值。对模型（14-8）进行 F 检验：$F_回 = 3.25 > F_{0.05}$（14，15）$= 2.4244$，差异显著，说明回归模型能够很好地反映实际情况。回归模型本身已经过无量纲形编码代换，其偏回归系数已经标准化，故可以直接从其绝对值的大小来判断各因子对目标函数的相对重要性。所以根据式（14-8）可知，4 个因子对水稻水分利用效率作用的影响依次为：$X_1 > X_2 > X_3 > X_4$，式中 X_2X_3、X_3X_4 一次项系数为负值，说明钾和磷、磷和水之间对水分利用效率的提高具有相互抑制作用，其余交互作用一次项系数均为正值，说明因素间的配合对水分利用效率具有相互促进的作用。

2. 单因子效应分析

$$
\begin{cases}
WUE_N = 2.33 + 0.22X_1 - 0.28X_1^2 \\
WUE_K = 2.33 + 0.15X_2 - 0.23X_2^2 \\
WUE_P = 2.33 + 0.12X_3 - 0.23X_3^2 \\
WUE_W = 2.33 + 0.02X_4 - 0.34X_4^2
\end{cases}
\tag{14-9}
$$

根据模型式（14-9）可以看出水稻的水分利用效率随氮、钾、磷、土壤含水率单因子各自用量的变化，见表 14.7 和图 14.11。

表 14.7 各因子与水分利用效率的关系

因子	因 子 编 码				
	−1.685	−1	0	1	1.685
施氮量 X_1	1.16	1.83	2.33	2.27	1.91
施钾量 X_2	1.42	1.95	2.33	2.25	1.92
施磷量 X_3	1.47	1.98	2.33	2.22	1.87
土壤含水率	1.34	1.97	2.33	2.01	1.40

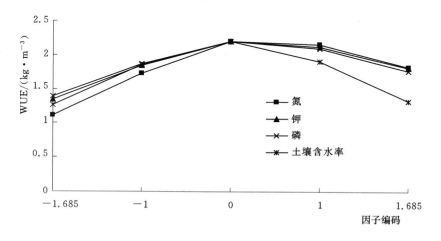

图 14.11 试验因子对水分利用效率的影响

由表 14.7 及图 14.11 可以看出，在氮、钾、磷、土壤含水率四因子中，在编码范围内各自施用量较少的情况下水分利用效率随着各自施用量的增加而增大，但超过一定量后，水分利用效率明显下降。

3. 因子互作效应分析

根据式（14-8）将任意两个因子定在零编码值，得到其他两个因子的互作效应方程，即

$$\begin{cases} WUE_{12}=2.33+0.22X_1+0.15X_2+0.06X_1X_2-0.28X_1^2-0.23X_2^2 \\ WUE_{13}=2.33+0.22X_1+0.12X_3+0.05X_1X_3-0.28X_1^2-0.23X_3^2 \\ WUE_{14}=2.33+0.22X_1+0.02X_4+0.01X_1X_4-0.28X_1^2-0.34X_4^2 \\ WUE_{23}=2.33+0.15X_2+0.12X_3-0.17X_2X_3-0.23X_2^2-0.23X_3^2 \\ WUE_{24}=2.33+0.15X_2+0.02X_4+0.16X_2X_4-0.23X_2^2-0.34X_4^2 \\ WUE_{34}=2.33+0.12X_3+0.02X_4-0.05X_3X_4-0.23X_3^2-0.34X_4^2 \end{cases} \tag{14-10}$$

根据式（14-10）作出两个因子互效应方程图，如图14.12所示。

从图14.12可以看出，2个因子之间的交互作用对水稻水分利用效率均表现出先增大，超过一定阈值后减小；由图14.12（a）可以看出氮对水分利用效率的影响效果大于钾的影响效果，由图14.12（b）可以看出氮对水分利用效率的影响效果大于磷的影响效果，由图14.12（c）可以看出氮对水分利用效率的影响效果大于水的影响效果，由图14.12（d）可以看出钾对水分利用效率的影响效果大于磷的影响效果，由图14.12（e）可以看出钾对水分利用效率的影响效果大于水的影响效果，由图14.12（f）可以看出磷对水分利用效率的影响效果大于水的影响效果。综合来看各交互作用对水分利用效率影响依次为钾磷＞钾水＞氮钾＞氮磷＞磷水＞氮水。

4. 水分利用效率优化方案分析

采用频率分析法对模型寻优，将编码值在试验设计范围内划分出（-1.784，-0.8920，0，0.8920，1.784）5个水平，构成 $T=5^4=625$ 个处理组合，将水稻水分利用效率目标选定在 $1.8\sim2.5\mathrm{kg\cdot m^{-3}}$ 进行频率分析，得到基于水分利用效率的水肥管理模拟方程寻优结果，见表14.8。

通过表14.8可以看出，将水稻水分利用效率目标选定在 $1.8\sim2.5\mathrm{kg/km^3}$ 进行频率分析，得到水肥之间的配施方案为氮 $87.76\sim103.32\mathrm{kg/hm^2}$，钾 $52.37\sim66.53\mathrm{kg/hm^2}$，磷 $36.80\sim46.71\mathrm{kg/hm^2}$，分蘖末期灌水量为饱和含水率的 $70.07\%\sim72.57\%$。

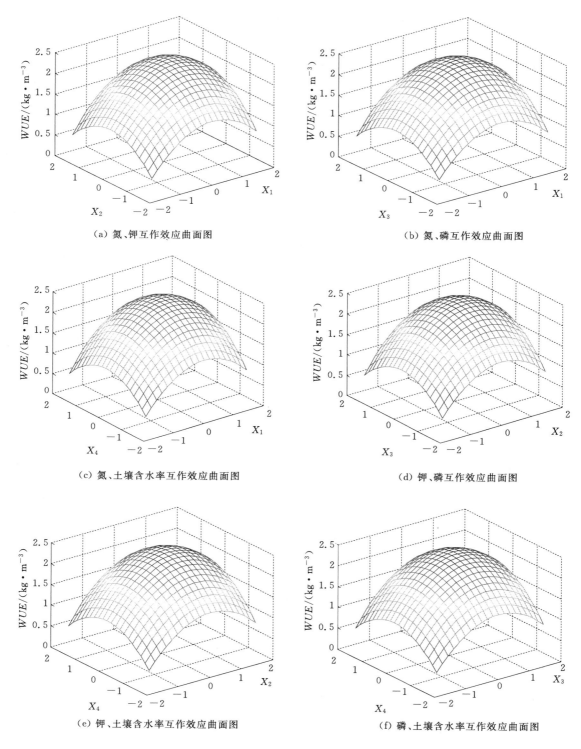

（a）氮、钾互作效应曲面图　　　　　　　　　　（b）氮、磷互作效应曲面图

（c）氮、土壤含水率互作效应曲面图　　　　　　　（d）钾、磷互作效应曲面图

（e）钾、土壤含水率互作效应曲面图　　　　　　　（f）磷、土壤含水率互作效应曲面图

图 14.12　两因子互作效应分析

表 14.8 水稻水分利用效率 1.8～2.5kg·km^{-3} 水肥配施方案

编码值	氮		钾		磷		土壤含水率	
	次数	频率/%	次数	频率/%	次数	频率/%	次数	频率/%
−1.784	0	0	0	0	0	0	0	0
−0.8920	1	2.8572	6	17.1429	7	20.0000	6	17.1428
0	15	42.8571	15	42.8571	15	42.8571	18	51.4286
0.8920	9	54.8527	11	31.4286	13	37.1429	11	31.4286
1.784	0	0	3	8.5714	0	0	0	0
平均值	0.4587		0.2803		0.1529		0.1274	
标准误	0.0848		0.1307		0.1126		0.1044	
95%置信区间	−0.3407～−0.0163		−0.5820～−0.2837		−0.3070～0.0640		0.1565～0.5662	
优化方案	87.76～103.32		52.37～66.53		36.80～46.71		70.07%～72.57%	

14.4 最佳水肥区间

水稻产量和水分利用效率是影响水稻生产能力的两项主要指标，本章通过建立水肥与该两项指标的耦合回归模型，取两项指标最优方案的交集来确定最佳水肥区间。

（1）经计算分蘖末期的土壤含水率下限为饱和含水率的 70.07%～72.57%，根据设计中的比值分蘖（前期：中期：末期）：拔孕期（前期：末期）：抽开期：乳熟期＝(1.3：1.15：1)：(1.15：1.3)：1.3：1.15 可以计算出其他各生育期的土壤含水率下限占饱和含水率比值为

1）分蘖前、中、末期为 91.09%～94.34%、80.58%～83.46%、70.07%～72.57%。

2）拔孕前、末期为 80.58%～83.46%、91.09%～94.34%。

3）抽开期为 91.09%～94.34%。

4）乳熟期为 80.58%～83.46%。

经过计算得出各肥料在全生育期内控制区间为施氮量 103.32～129.10kg·hm^{-2}、施钾量 66.53～81.15kg·hm^{-2}、施磷量 43.19～46.71kg·hm^{-2}。

（2）各生育时期的最佳水肥耦合区间。

1）基肥为施氮量 $51.66 \sim 64.55 \text{kg} \cdot \text{hm}^{-2}$、施钾量 $33.27 \sim 40.58 \text{kg} \cdot \text{hm}^{-2}$、施磷量 $43.19 \sim 46.71 \text{kg} \cdot \text{hm}^{-2}$。

2）返青肥为施氮量 $10.33 \sim 12.91 \text{kg} \cdot \text{hm}^{-2}$。

3）分蘖肥为施氮量 $25.83 \sim 32.28 \text{kg} \cdot \text{hm}^{-2}$、施钾量 $33.27 \sim 40.58 \text{kg} \cdot \text{hm}^{-2}$。

4）穗肥为施氮量 $15.50 \sim 19.37 \text{kg} \cdot \text{hm}^{-2}$。

14.5　基于熵权的 TOPSIS 模型在水稻产量构成因子中的应用

14.5.1　模型简介

基于熵权的 TOPSIS 模型利用熵的性质，将多目标决策评价待选方案的本身固有信息和依据决策者经验判断的主观信息进行量化，计算出各指标的权重值，然后通过 TOPSIS 模型将多指标综合成一个指标，计算其贴近度，对其方案进行优劣排序，为指导农业生产提供科学决策。

14.5.2　模型建立

步骤 1：设有 n 个待评价方案，每个方案有 m 个评价指标，则构成指标的特征值矩阵 X 为

$$X_{ij} = \begin{bmatrix} X_{11} & X_{12} & \cdots & X_{1n} \\ X_{21} & X_{22} & \cdots & X_{2n} \\ \vdots & \vdots & \vdots & \vdots \\ X_{m1} & X_{m2} & \cdots & X_{mn} \end{bmatrix} \quad (i=1,2,\cdots,m; j=1,2,\cdots,n) \qquad (14-11)$$

步骤 2：数据归一化处理，即

$$\begin{cases} X'_{ij} = X_{ij} / \max X_{ij} （数据越大越优型） \\ X'_{ij} = \min X_{ij} / X_{ij} （数据越小越优型） \end{cases} \qquad (14-12)$$

因此，得到新矩阵 X' 为

$$X'_{ij} = \begin{bmatrix} X'_{11} & X'_{12} & \cdots & X'_{1n} \\ X'_{21} & X'_{22} & \cdots & X'_{2n} \\ \vdots & \vdots & \vdots & \vdots \\ X'_{m1} & X'_{m2} & \cdots & X'_{mn} \end{bmatrix} \tag{14-13}$$

步骤 3：计算第 i 个指标下第 j 个方案特征值比重为

$$P_{ij} = \frac{X'_{ij}}{\sum\limits_{j=1}^{n} X'_{ij}} \tag{14-14}$$

步骤 4：计算第 i 个指标的熵为

$$e_i = -\frac{1}{mn} \sum\limits_{j=1}^{n} P_{ij} \ln P_{ij} \tag{14-15}$$

步骤 5：计算第 i 个指标的权重为

$$a_i = \frac{1-e_i}{\sum\limits_{i=1}^{n}(1-e_i)} \tag{14-16}$$

步骤 6：构造规范化加权矩阵 Z_{ij} 为

$$Z_{ij} = a_i X'_{ij} \tag{14-17}$$

步骤 7：确定理想解和负理想解为

$$\begin{cases} Z^* = \{(\max Z_{ij} \mid i \in J),(\min Z_{ij} \mid j \in J')i = 1,2,\cdots,n\} = \{Z_1^*,Z_2^*,\cdots,Z_m^*\} \\ Z^- = \{(\max Z_{ij} \mid i \in J),(\min Z_{ij} \mid j \in J')i = 1,2,\cdots,n\} = \{Z_1^-,Z_2^-,\cdots,Z^-\} \end{cases} \tag{14-18}$$

式中　J——越大越优型目标集；

　　J'——越小越优型目标集。

计算每个方案到理想解的距离 S_i^* 和到负理想解的距离 S_i^- 为

$$\begin{cases} S_i^* = \sqrt{\sum_{j=1}^{m} (Z_{ij} - Z_j^*)^2} \\ S_i^- = \sqrt{\sum_{j=1}^{m} (Z_{ij} - Z_j^-)^2} \end{cases} \quad (i=1,2,\cdots,n) \qquad (14-19)$$

步骤 8：计算每个方案距理想解的相对贴近度 C_i^* 为

$$C_i^* = S_i^- / (S_i^* + S_i^-), 0 \leqslant C_i^* \leqslant 1 \quad (i=1,2,\cdots,n) \qquad (14-20)$$

其中若 $C_i^* = 1$ 表示方案与理想解重合；若 $C_i^* = 0$ 则表示方案与负理想解重合。

14.5.3　模型应用

长期以来，水稻的有效穗数、穗粒数、千粒重、结实率等 4 项指标被认为是构成水稻产量的最重要因素，是农学及灌溉领域研究人员最为关心的问题，本节对水肥处理的 16 个方案中选取该 4 项指标，见表 14.9。对其方案进行综合排序，并计算出各指标对其产量的贡献率，计算结果如下[10]。

表 14.9　　　　　　　　　　　　水稻产量构成因素的样本集

处理编号	有效穗数/(个・m⁻²)	穗粒数	千粒重/g	结实率/%
1	481	103	24.25	78.22
2	368	101	22.54	81.68
3	354	82	22.05	87.64
4	410	102	22.54	68.17
5	439	102	24.25	74.2
6	623	111	25.38	76.63
7	368	96	24.25	81.29
8	524	115	23.06	77.26
9	354	100	23.52	93.52
10	510	113	22.05	91.71

处理编号	有效穗数/(个·m^{-2})	穗粒数	千粒重/g	结实率/%
11	481	118	24.5	69.42
12	326	82	23	70.99
13	425	104	23.15	71.08
14	410	97	24.5	70.79
15	425	110	24.3	72.08
16	368	96	23.15	71.46

根据式（14-12）得出归一化评价指标矩阵为

$$X_{ij}'^{\mathrm{T}} = \begin{bmatrix} 0.7720 & 0.8728 & 0.9554 & 0.8363 \\ 0.5906 & 0.8559 & 0.8881 & 0.8733 \\ 0.5682 & 0.6949 & 0.8687 & 0.9371 \\ 0.6581 & 0.8644 & 0.8881 & 0.7289 \\ 0.7046 & 0.8644 & 0.9566 & 0.7934 \\ 1 & 0.9416 & 1 & 0.8193 \\ 0.5916 & 0.8135 & 0.9554 & 0.8692 \\ 0.8410 & 0.9745 & 0.9085 & 0.8261 \\ 0.5682 & 0.8474 & 0.9267 & 1 \\ 0.8186 & 0.9576 & 0.8687 & 0.9806 \\ 0.7720 & 1 & 0.9653 & 0.7423 \\ 0.5232 & 0.6949 & 0.9062 & 0.7590 \\ 0.6821 & 0.8813 & 0.9101 & 0.7600 \\ 0.6581 & 0.8220 & 0.9653 & 0.7569 \\ 0.6821 & 0.9322 & 0.9574 & 0.7707 \\ 0.5986 & 0.8135 & 0.9121 & 0.7641 \end{bmatrix}$$

根据式（14-14）～式（14-16）计算各指标的权重为

$$a = (0.5531 \quad 0.3727 \quad 0.0668 \quad 0.0091)$$

根据式（14-17）计算其规范化加权矩阵 Z_{ij} 为

$$Z_{ij}^{\mathrm{T}} = \begin{bmatrix} 0.5218 & 0.5833 & 0.6606 & 0.3964 \\ 0.1414 & 0.5277 & 0.1471 & 0.5329 \\ 0.0942 & 0 & 0 & 0.7680 \\ 0.2824 & 0.5555 & 0.1471 & 0 \\ 0.3814 & 0.5555 & 0.6606 & 0.2378 \\ 1 & 0.8055 & 1 & 0.3333 \\ 0.1414 & 0.3888 & 0.6606 & 0.5175 \\ 0.6666 & 0.9166 & 0.3033 & 0.3585 \\ 0.0942 & 0.5000 & 0.4414 & 1 \\ 0.6195 & 0.8611 & 0 & 0.9285 \\ 0.5128 & 1 & 0.7357 & 0.0493 \\ 0 & 0 & 0.2852 & 0.1112 \\ 0.3333 & 0.6111 & 0.3303 & 0.1447 \\ 0.2828 & 0.4166 & 0.7357 & 0.1033 \\ 0.3333 & 0.7777 & 0.6756 & 0.1542 \\ 0.1414 & 0.3888 & 0.3303 & 0.1297 \end{bmatrix}$$

根据式（14-18）确定其理想解 Z^* 和负理想解分别为 Z^- 为

$$Z^* = (0.0091 \quad 0.3727 \quad 0.0668 \quad 0.5513)$$
$$Z^- = (0.0047 \quad 0.2589 \quad 0.0580 \quad 0.4018)$$

根据式（14-19）、式（14-20）计算每个方案距理想解的相对贴近度 C_i^*，结果见表 14.10。

表 14.10　　　　　　　　　　　各方案综合评价结果

评价方案	S_i^*	S_i^-	C_i^*	TOPSIS 评价结果排序
处理 1	0.1035	0.0891	0.4626	7
处理 2	0.0886	0.0996	0.5292	4
处理 3	0.1193	0.1480	0.4903	6

评价方案	S_i^*	S_i^-	C_i^*	TOPSIS 评价结果排序
处理 4	0.1380	0.0630	0.2580	13
处理 5	0.1246	0.0737	0.3684	11
处理 6	0.1021	0.1047	0.5062	5
处理 7	0.1004	0.0831	0.4528	8
处理 8	0.0965	0.1172	0.5484	3
处理 9	0.0572	0.1600	0.7366	2
处理 10	0.0211	0.1698	0.8894	1
处理 11	0.1438	0.1142	0.4426	10
处理 12	0.1750	0.0181	0.0937	16
处理 13	0.1494	0.0716	0.3239	12
处理 14	0.1485	0.0477	0.2431	15
处理 15	0.1290	0.0916	0.4152	9
处理 16	0.1477	0.0480	0.2452	14

根据表 14.10 评价结果可知，基于熵权法的 TOPSIS 模型对各处理的评价结果为：处理 10＞处理 9＞处理 8＞处理 2＞处理 6＞处理 3＞处理 1＞处理 7＞处理 15＞处理 11＞处理 5＞处理 13＞处理 4＞处理 16＞处理 14＞处理 12，可见处理 10 的方案是最优的；通过对各指标的权重进行计算，结果表明，各指标对产量的贡献率表现为结实率＞穗粒数＞千粒重＞有效分蘖数。因此，通过基于熵权法的 TOPSIS 模型克服了等级分辨率较粗及人为赋权干扰的不足，得出了比较满意的结果，为水肥耦合方案的评价提供了新的思路和方法。

参 考 文 献

［1］　Kang S Z，Shi WJ，Cao H X，et al. Alternate watering in soil verti-cal profile improved water use efficiency of maize（Zea mays）［J］. FieldCrops Research，2002，77（1）：31－41.

［2］　汪德水. 旱地农田肥水协同效应与耦合模式［M］. 北京：气象出版社，1999：84－98.

［3］　朱士江，孙爱华，张忠学. 三江平原耗水规律及水分利用效率试验研究［J］. 节水灌溉，2009，11：12－14.

［4］　崔远来，李远华. 水稻高效利用水肥试验研究［J］. 灌溉排水学报，2001，20（1）：20－24.

［5］　郑世宗，卢成，柯惠英. 不同水肥模式单季水稻生长特性研究［J］. 中国农村水利水电，2007（10）：34－37.

［6］　东先旺，刘树堂，陶世荣. 不同肥水组合对夏玉米水分利用效率经济效益的影响［J］. 华北农学报，2000，15（1）：81－85.

［7］　林彦宇，张忠学，徐丹，等. 不同水肥调控措施对黑土稻作产量的影响试验研究［J］. 节水灌溉，2014（1）：24－26.

［8］　Lin Yanyu，Zhang Zhongxue，Xu Dan，et al. Experimental Research on Water－Fertilizer Coupling Optimization of Paddy in Blackland in Cold Region［J］. International Journal of u－and e－Service，Science and Technology，2016，9（9）：45－54.

［9］　LIN Yanyu，ZHANG Zhongxue，XU Dan，et al. Effect of water and fertilizer coupling optimization test on water use efficiency of rice in black soil regions ［J］. Journal of Drainage and Irrigaion Machinery Engineering，2016，34（2）：151－156.

［10］　林彦宇，张忠学，徐丹，等. 基于熵权的灰色关联模型在水稻栽培中的评价［J］. 农机化研究，2014，36（7）：54－56.

第 15 章

水肥经济效益分析及投入产出分析

15.1 水肥经济效益分析

15.1.1 经济效益模型原理

为获取最佳经济方案，必须对水稻水肥投入成本及产量价格进行全面分析。本研究选取最佳经济效益分析模型，所建立的模型为

$$y = f(x_1, x_2, \cdots, x_m) = b_0 + \sum_{j=1}^{m} b_j x_j + \sum_{i \leqslant j=1}^{m} b_{ij} x_i x_j \qquad (15-1)$$

若其中的 $s(s \leqslant m)$ 个因素表示投入量，P_i 表示 x_i 的单位投入价格，P 表示产品 y 的单位产出价格。则产品 y 的总价值为 $R = Py = Pf(x_1, x_2, \cdots, x_m)$，纯利润为

$$R = P - \sum_{i=1}^{m} P_i x_j - \lambda \qquad (15-2)$$

式中 λ——固定投入。

假定各因素投入都是充分的，则 R 取最大值的点可能出现在式（15-2）的解中：

$$\begin{cases} \dfrac{\partial R}{\partial x_1} = 0 \\[2mm] \dfrac{\partial R}{\partial x_2} = 0 \\[2mm] \vdots \\[2mm] \dfrac{\partial R}{\partial x_m} = 0 \end{cases} \qquad (15-3)$$

将式（15-2）代入式（15-3）得

$$
\begin{cases}
P\left(b_1 + 2b_{11}x_1 + \sum_{j=2}^{m} b_{1j}x_j\right) - P_1 = 0 \\[2mm]
P\left(b_2 + b_{21}x_2 + \sum_{j=3}^{m} b_{3j}x_j\right) - P_2 = 0 \\[2mm]
\vdots \\[2mm]
P\left(b_i + \sum_{\substack{j=1 \\ j \neq i}}^{m} b_{ii}x_i + 2b_{ii}x_i\right) - P_i = 0 \\[2mm]
\vdots \\[2mm]
P\left(b_m + \sum_{j=1}^{m-1} b_{mj}x_j + 2b_{mm}x_m\right) - P_m = 0
\end{cases}
$$

进一步转换为

$$
\begin{cases}
\left(b_1 + 2b_{11}x_1 + \sum_{j=2}^{m} b_{1j}x_j\right) = \dfrac{P_1}{P} \\[3mm]
\left(b_2 + b_{21}x_2 + \sum_{j=3}^{m} b_{3j}x_j\right) = \dfrac{P_2}{P} \\[3mm]
\vdots \\[3mm]
\left(b_i + \sum_{\substack{j=1 \\ j \neq i}}^{m} b_{ii}x_i + 2b_{ii}x_i\right) = \dfrac{P_i}{P} \\[3mm]
\vdots \\[3mm]
P\left(b_m + \sum_{j=1}^{m-1} b_{mj}x_j + 2b_{mm}x_m\right) = \dfrac{P_m}{P}
\end{cases}
\tag{15-4}
$$

此方程组的解即为所求经济效益最佳时对应的各因素取值。

15.1.2　水肥经济效益模型建立

根据水肥耦合效应回归方程，将式（11-3）、式（11-6）、式（11-9）及式（11-12）水肥编码值代入式（14-3）中，转化为实际用量，其表达式为

$$
Y = -48700.5833 + 225.1689Z_1 + 2117.4812Z_2 + 2248.9723Z_3 + 1.2865Z_4
$$
$$
-0.1503Z_1Z_2 - 1.8096Z_1Z_3 - 0.0005Z_1Z_4 - 6.9124Z_2Z_3 + 0.0081Z_2Z_4
$$

$$-0.1112Z_3Z_4-0.4389Z_1^2-54.5213Z_2^2-48.6763Z_3^2-0.00005Z_4^2 \quad (15-5)$$

依据典型农户调研数据，其材料成本与产品价格见表 15.1。

表 15.1　　　　　　　　典型农户生产成本、产品价格调查表

水田自流灌溉 /(元·hm^{-2})	纯氮 /(元·kg^{-1})	纯钾 /(元·kg^{-1})	纯磷 /(元·kg^{-1})	其他 /(元·hm^{-2})	水稻 /(元·kg^{-1})
300	3.88	5.3	6.31	3000	3.10

依据表 15.1 的调研数据，扣除水肥投入成本后得到水稻纯收益的函数模型为

$$R=3.10(-48700.5833+225.1689Z_1+2117.4812Z_2+2248.9723Z_3+1.2865Z_4$$
$$-0.1503Z_1Z_2-1.8096Z_1Z_3-0.0005Z_1Z_4-6.9124Z_2Z_3+0.0081Z_2Z_4$$
$$-0.1112Z_3Z_4-0.4389Z_1^2-54.5213Z_2^2-48.6763Z_3^2-0.00005Z_4^2)-3.88Z_1$$
$$-5.3Z_2-6.31Z_3-300Z_4-3000$$

经整理后表达式为

$$R=-153971.8082+694.1436Z_1+6558.8917Z_2+6965.5041Z_3-298.7135Z_4$$
$$-0.1503Z_1Z_2-1.8096Z_1Z_3-0.0005Z_1Z_4-6.9124Z_2Z_3+0.0081Z_2Z_4$$
$$-0.1112Z_3Z_4-0.4389Z_1^2-54.5213Z_2^2-48.6763Z_3^2-0.00005Z_4^2 \quad (15-6)$$

令 $\dfrac{\partial R}{\partial Z}=0$，分别得到偏导数方程式为

$$\frac{\partial R}{\partial Z_1}=694.1436-0.1503Z_2-1.8096Z_3-0.0005Z_4-0.8778Z_1=0 \quad (15-7)$$

$$\frac{\partial R}{\partial Z_2}=6558.8917-0.1503Z_1-6.9124Z_3+0.0081Z_4-109.0426Z_2=0 \quad (15-8)$$

$$\frac{\partial R}{\partial Z_3}=6965.5041-1.8096Z_1-6.9124Z_2-0.1112Z_4-97.3526Z_3^2=0 \quad (15-9)$$

$$\frac{\partial R}{\partial Z_4} = -298.7135 - 0.0005Z_1 + 0.0081Z_2 - 0.1112Z_3 - 0.0001Z_4 = 0$$

$$(15-10)$$

根据式（15-7）～式（15-10）求得 $Z_1 = 128.87\text{kg} \cdot \text{hm}^{-2}$，$Z_2 = 85.56\text{kg} \cdot \text{hm}^{-2}$，$Z_3 = 41.74\text{kg} \cdot \text{hm}^{-2}$，$Z_4 = 72.05\%$。即当水肥达到经济效益最优时，对应的施氮量 $128.87\text{kg} \cdot \text{hm}^{-2}$、施钾量 $85.56\text{kg} \cdot \text{hm}^{-2}$、施磷量 $41.74\text{kg} \cdot \text{hm}^{-2}$，分蘖末期土壤含水率为饱和含水率的 72.05%，此时得到的最佳产量 $15524.22\text{kg} \cdot \text{hm}^{-2}$，最大经济效益（目标函数值）为 43607.54 元。

15.2　基于 C-D 生产函数的农业水资源经济效益投入产出分析

农业生产过程就是资源的不断投入，效益产出的过程。资源的投入包括自然资源投入、劳动力投入、生产资料投入，为了获得更高的效益，必须对各种投入的资源进行合理的安排。在农业生产过程中，水利是农业生产的命脉，是提高粮食产量的关键因素，因此开展对水资源的投入产出对农业生产经济效益分析、绩效评价十分重要。

依据经济学观点，水资源在农业生产中的价值主要体现在每增加一个单位的水所能引起粮食生产总值的增加，即水资源对粮食产值的贡献率，也就是单位纯效益。本节采用柯布-道格拉斯生产函数（以下简称"C-D 生产函数"），将选取影响农业生产的自然资源投入（水、电）、劳动力投入、生产资料投入（化肥、种子、农药）建立农业生产函数，根据生产函数求出水资源的边际价值，进而求出水资源的经济价值。

15.2.1　农业水资源核算的收益还原法

农业水资源是水资源在农业生产上的一种资源形式，归国家所有，其价格从本质上说是国家水资源在经济上的表现形式。因此，农业水资源的价值可以看作是由水资源所能引起的粮食未来收益的折现值，采用收益还原法来测算其经济价值，表达式为

$$P = \frac{A}{r}\left[1 - \left(\frac{1}{1+r}\right)^n\right]$$

$$(15-11)$$

式中　P——水资源的经济价值；

A——水资源的年纯收益；

r——折现率；

n——水资源利用年限。

15.2.2 C-D 模型的建立

15.2.2.1 C-D 数学模型的确定

在农业生产系统中，C-D 生产函数可以较好地反映各投入因子对粮食产值的影响，然后再根据水资源对粮食产值的贡献率计算出水资源纯收益。C-D 生产函数的扩展形式为

$$Y = A X_1^{a_1} X_2^{a_2} X_3^{a_3} \cdots X_n^{a_n} \tag{15-12}$$

式中　　　　　Y——产品的总收益；

A——效率参数；

$X_1, X_2, \cdots, X_n$——各因子的投入；

$a_1, a_2, \cdots, a_n$——各因子相对应的弹性系数。

15.2.2.2 模型求解

将式（15-12）两边取对数改写成式（15-13），然后利用最小二乘法对各参数进行估计，运用 MATLAB7.1 软件对方程进行求解，即可得到参数 A、a_1，a_2，$\cdots$，a_n 的值。

$$\ln Y = \ln A + a_1 \ln X_1 + a_2 \ln X_2 + \cdots + a_n \ln X_n \tag{15-13}$$

即

$$Y = X \cdot a$$

$$Y = [y_1, y_2, \cdots, y_m]^{\mathrm{T}}$$

$$X = \begin{bmatrix} x_{11} & x_{12} & \cdots & x_{1n} \\ x_{21} & x_{22} & \cdots & x_{2n} \\ \vdots & \vdots & \vdots & \vdots \\ x_{m1} & x_{m2} & \cdots & x_{mn} \end{bmatrix}$$

则得出 $a=[a_1,a_2,\cdots,a_n]^T$

15. 2. 2. 3　模型参数检验

1. 相关系数检验

为检验拟合方程中自变量与因变量的密切程度，对其相关系数 R^2 进行检验，即

$$R^2 = 1 - \frac{\sum\limits_{i=1}^{m} e_i^2}{\sum\limits_{i=1}^{m}(Y_i - \overline{Y})^2} = 1 - \frac{\sum\limits_{i=1}^{m}(Y_i - \hat{Y})^2}{\sum\limits_{i=1}^{m}(Y_i - \overline{Y})^2} \tag{15-14}$$

式中　m——样本个数；

$\overline{Y}$——样本因变量的均值；

$\hat{Y}$——样本因变量的估计值。

2. 显著性检验

为检验自变量与因变量之间相关关系是否显著，须对拟合方程作 F 检验，即

$$F = \frac{\dfrac{R^2}{K}}{\dfrac{1-R^2}{n-K-1}} \tag{15-15}$$

式中　K——参数个数。

模型检验合格后，将各参数代入式（15-12）即可求出产品的理论总收益。

15. 2. 2. 4　边际效益

根据边际均衡理论，对式（15-12）对水资源投入量进行求偏导数，即可求出水资源对粮食产值的贡献率，也就是水资源的纯收益，即

$$\frac{dY}{dx_i} = \frac{a_i Y}{x_i} \tag{15-16}$$

15. 2. 2. 5　折现率的确定

折现率是指将未来有限期预期收益折算成现值的比率。一般来讲，在收益率一定

的情况下，折现率应包含通货膨胀率、存款利率和风险率。对于农业水资源来说，选择合理的折现率对于准确测算粮食生产过程中水资源的价值非常关键。

因在农业生产过程中，存在产品生产时间长、偶然因素多、稳定性差等客观因素。水资源的折现率应采用"安全利率＋风险利率"。具体表达式为

$$r_d = \frac{r}{CPI} + r_i \tag{15-17}$$

式中　r_d——折现率；

　　　r——1a 期定期银行存款利率；

　CPI——粮食物价指数；

　　　r_i——风险利率。

15.2.3　基于 C-D 生产函数的庆安县农业水资源投入产出分析

1. 模型的建立与检验

根据《黑龙江省统计年鉴》（2010—2015）提供的农业生产数据及实地调研数据，选取黑龙江省庆安县 2010—2015 年的稻田每亩水量投入、种子费用投入、化肥费用投入、农药费用投入、农业机械费用投入、人力费用投入、电力费用投入及粮食总产值数据，建立 C-D 生产函数模型，采用最小二乘法对数据进行分析，得出庆安县的农业生产 C-D 函数为

$$Y = 1.772 x_1^{0.287} x_2^{1.146} x_3^{0.583} x_4^{0.374} x_5^{-0.075} x_6^{-1.383} x_7^{-1.663} \tag{15-18}$$

$$R^2 = 0.939$$

$$R_1 = 0.942$$

$$F = 26.981$$

式中　Y——产品总产值；

　　x_1——水量投入；

　　x_2——种子费用投入；

　　x_3——化肥费用投入；

　　x_4——农药费用投入；

　　x_5——农业机械费用投入；

x_6——人力费用投入；

x_7——电力费用投入。

其中，以上各变量单位为元/亩。

根据式（15－18），$R^2 = 0.939$，$R_1 = 0.942$，从相关系数角度来看，自变量和因变量均达到显著水平；查自由度为 $K = 7$ 的 F 临界值表，当 $\lambda = 0.05$ 时 $F_{0.05}(7,1) = 5.928$，因 $F > F_{0.05}$，表明模型在整体上是显著的。

2. 折现率的选取

根据本书第 15.2.2.4 节，采用式（15－17）进行计算，式中 1a 期银行定期存款利率选择中国人民银行 2015 年 10 月 23 日公布的利率为 1.5%；农产品物价指数（以 2010 年收购价格为定基指数 102.36%）；考虑到东北地区粮食生产过程中设施风险、经济市场风险及气候因素，本研究选取风险利率为 2%。将各利率值代入式（15－17），得出粮食生产中水资源的折现率为 3.47%。

3. 水资源经济价值

根据式（15－16）和式（15－18）计算出水资源纯收益，然后结合式（15－11）计算出庆安县的水资源经济价值，结果见表 15.2。

表 15.2　　　　　　　　　2010—2015 年度庆安县水资源价值核算　　　　　　单位：亩

项　　目	2010 年	2011 年	2012 年	2013 年	2014 年	2015 年
产品收益/元	1250	1255	1255	1300	1800	1850
单方水收益/(元·m^{-3})	3.68	3.62	3.63	3.68	5.00	5.04
水资源纯收益/(元·m^{-3})	1.06	1.04	1.04	1.06	1.44	1.45
水资源价值/(元·m^{-3})	1.02	1.01	1.01	1.02	1.39	1.40

本节利用 C－D 生产函数模型对水资源的经济价值进行定量计算，选取水量、种子费用、化肥费用、农药费用、农业机械费用、人力费用、电力费用等生产投入，系统科学的计算了庆安县 2010—2015 年度粮食产量中农业水资源的经济价值，结果表明 2015 年度水资源的经济价值最高，为 1.40 元·m^{-3}。其结果基本符合农业水资源在粮食生产中的比重这一规律，因此利用 C－D 生产模型为进一步计算水资源的经济价值提供了新的思路与方法。

第 16 章

水分生产函数模型建立与评价

水分生产函数是描述作物产量（籽粒产量或者干物质产量）与水之间的数学关系，建立适宜该地区的水稻水分生产函数模型，对于区域节水灌溉的规划和系统评估及非充分灌溉制度的推广应用均具有十分重要的意义[1-3]。本节将重点研究水稻产量与水之间的关系，通过田间试验实测数据，建立传统的全生育期蒸腾蒸发量模型、Jensen 模型、基于遗传算法的函数模型、基于 BP 神经网络的数学模型、基于 RAGA - BP 神经网络模型，并对各模型进行比较预评价，以期为灌区提供科学的灌溉制度和配水方案。

依据试验Ⅲ对各生育时期水稻蒸腾蒸发量及产量进行实际观测，结果如图 16.1、图 16.2 所示。

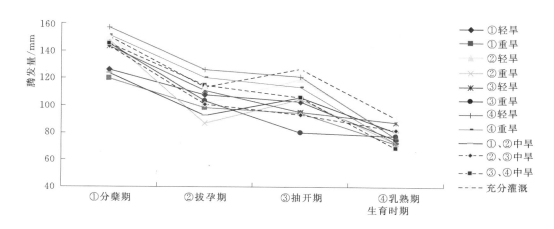

图 16.1　各处理不同生育时期腾发量

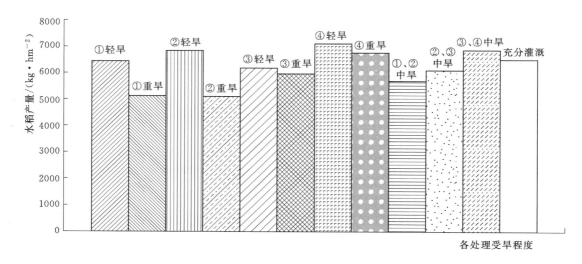

图 16.2　各处理不同生育时期产量

16.1　全生育期蒸腾蒸发量模型

16.1.1　二次非线性模型的建立与评价

全生育期蒸腾蒸发量模型以蒸腾蒸发量作为水分控制指标，建立作物—水模型，该模型结构简单，计算方便，有利于从宏观角度去分析作物的水分生产率[4,5]。本节采用试验实际观测的蒸腾蒸发量与水稻产量数据，建立二次非线性方程，见式（16－1），其关系如图 16.3 所示。

$$Y = -42201 + 205.54ET_C - 0.2154ET_C^2 \qquad (16-1)$$

$$R^2 = 0.9071$$

式中　Y——水稻产量，$kg \cdot hm^{-2}$；

　　　ET_C——蒸腾蒸发量，mm。

根据式（16－1）、图 16.3 可以看出，当 ET_C 在较小值范围内时，Y 随着呈线性增加关系，当 Y 达到一定值时，随着 ET_C 的增加，Y 将不再增加。如果想进一步增加产量，只能依靠其他措施来完成。由于作物产量大小受土壤类型、气候条件、作物

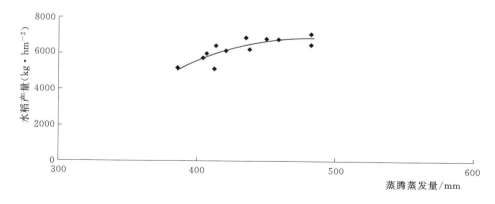

图 16.3 水稻产量与蒸腾蒸发量关系

品种及耕作措施等多种条件影响，不同地区的经验系数值相差较大。因此全生育期模型仅适用于灌溉水源没有保证、农业资源而又未充分的中低产地区。

16.1.2 D－K 模型的建立与评价

Doorenbos 和 Kassam 通过大量试验研究，认为作物采用相对产量与相对腾发量来描述作物与水之间的关系更具有代表性和稳定性，并提出以下线性模型（简称 D－K 模型）

$$1-\frac{Y_a}{Y_m}=K_y\left(1-\frac{ET_c}{ET_m}\right)$$ （16－2）

式中 Y_a——作物实际产量，kg·hm^{-2}；

Y_m——作物最大产量，kg·hm^{-2}；

ET_c——作物实际蒸腾蒸发量，mm；

ET_m——作物最大实际蒸腾蒸发量，mm；

K_y——作物反应系数。

作物反应系数 K_y 反映了作物单位相对亏水量与相对产量减少值的比值，即曲线的斜率。通过对试验中各处理 K_y 进行计算，结果见表 16.1。

根据表 16.1 可以看出，各处理 K_y 值依次为：处理 4＞处理 5＞处理 2＞处理 9＞处理 10＞处理 6＞处理 8＞处理 1＞处理 3＞处理 11＞处理 7，处理的 4K_y 值最大，因此应优先供水，否则造成的减产损失最大，反之可减少或延迟供水。因此合理的 K_y 值是非充分灌溉技术条件下的重要参数，为指导科学的灌溉节水方式提供重要依据。

D-K 模型可广泛用于作物非充分灌溉条件下的经济分析与灌区节水灌溉管理水平，但仍不能揭示出对有限的水资源在作物 不同生育阶段进行合理分配的机理。

表 16.1　　　　　　　　　　　　不同处理 D-K 模型 K_y 值

处理序号	1	2	3	4	5	6
K_y 值	0.6461	1.3980	0.5516	1.9599	1.4253	1.0231
处理序号	7	8	9	10	11	12
K_y 值	0	0.9890	1.2399	1.1128	0.3459	

16.2　Jensen 模型的建立与评价

16.2.1　模型原理

1. Jensen 模型建立与检验

许多研究学者发现 Jensen 模型通用性最强，是目前常用的水分生产函数静态模型[6-8]。该模型以作物各生育阶段腾发量为变量，寻找不同生育阶段水分亏缺对作物最终产量的影响关系为

$$\frac{Y}{Y_m} = \prod_{i=1}^{n} \left[\frac{ET_i}{ET_{mi}} \right]^{\lambda} \qquad (16-3)$$

式中　　n——作物生育期内阶段数；

　　　　i——作物生育阶段序号；

　　ET_{mi}——作物各生育阶段实际蒸腾蒸发量，mm；

　　　ET_i——作物各生育阶段潜在蒸腾蒸发量，mm；

　　　　Y——作物各生育阶段实际产量，$kg \cdot hm^{-2}$；

　　　Y_m——作物潜在产量，$kg \cdot hm^{-2}$，即充分供水条件下的作物产量；

　　　　λ——作物生育阶段敏感指数，λ 越大表示该阶段水分亏缺对产量影响越大，反之越小。

函数相关系数的检验表达式为

$$U = \sum_{m=1}^{j} \left[\left(\frac{\hat{Y}}{Y_m} \right)_j - \left(\frac{\overline{Y}}{Y_m} \right) \right]^2 \tag{16-4}$$

$$L_{yy} = \sum_{m=1}^{j} \left[\left(\frac{Y}{Y_m} \right) - \left(\frac{\overline{Y}}{Y_m} \right) \right]^2 \tag{16-5}$$

$$R = \sqrt{\frac{U}{L_{yy}}} \tag{16-6}$$

式中　$\hat{Y}$——通过 Jensen 模型预测产量，$kg \cdot hm^{-2}$；

$\overline{Y}$——产量平均值，$kg \cdot hm^{-2}$。

2. 敏感指数累积函数模型建立与检验

将各阶段水分敏感指数累加值与相应时间 t 建立的关系为敏感指数累计函数，其表达式为

$$z(t) = \sum_{t=0}^{t} \lambda(t) \tag{16-7}$$

式中　$z(t)$——第 t 时刻之前作物各阶段水分敏感指数累加值。

各阶段的 $\lambda(t)$ 为

$$\lambda(t) = z(t_i) - z(t_{i-1}) \tag{16-8}$$

根据王仰仁等[9]提出用生长曲线来拟合函数 $z(t)$，即

$$z(t) = \frac{C}{1 + e^{A-Bt}} \tag{16-9}$$

式中　A、B、C——拟合参数。

16.2.2　模型求解及检验

1. Jensen 模型敏感指数求解与检验

该模型采用最小二乘回归法对式（16-3）中敏感指数进行求解，将其化成多元

线性方程组[10]，求解过程为

$$\frac{Y}{Y_m} = \prod_{i=1}^{n} \left[\frac{ET_i}{ET_{mi}} \right]^{\lambda} \qquad (16-10)$$

两边取对数得

$$\ln \frac{Y}{Y_m} = \sum_{i=1}^{n} \lambda_i \ln \left[\frac{ET_i}{ET_{mi}} \right]$$

$$令\ Z = \ln \frac{Y}{Y_m}, X_i = \ln \frac{ET_i}{ET_{mi}}, K_i = \lambda_i;$$

即可得到线性公式为

$$Z = \sum_{i=1}^{n} K_i X_i$$

采用 m 个处理，可以得到 m 组 X_{im}，$M_{im}(j=1, 2, \cdots, m; i=1, 2, \cdots, n)$，采用最小二乘法，建立目标函数为

$$\min f = \sum_{j=1}^{m} \left(Z_j - \sum_{i=1}^{n} K_i X_{ij} \right)^2 \qquad (16-11)$$

令 $\dfrac{\partial f}{\partial k_i} = -2 \sum_{j=1}^{m} \left(Z_j - \sum_{i=1}^{n} K_i X_{ij} \right) X_{ij} = 0$ 求解该方程，得到一组线性方程为

$$L_{11}K_1 + L_{12}K_2 + \cdots + L_{1n}K_n = L_{1z}$$

$$L_{21}K_1 + L_{22}K_2 + \cdots + L_{2n}K_n = L_{2z} \qquad (16-12)$$

$$L_{n1}K_1 + L_{n2}K_2 + \cdots + L_{nn}K_n = L_{nz}$$

其中　　　　　　$$L_{ik} = \sum_{j=1}^{m} X_{ij} X_{kj} \quad (k=1,2,\cdots,n)$$

$$L_{iz} = \sum_{m=1}^{j} X_{iz} Z_j \quad (i=1,2,\cdots,n)$$

令

$$L = \begin{bmatrix} L_{11}, L_{12}, \cdots, L_{1n} \\ L_{21}, L_{22}, \cdots, L_{2n} \\ \vdots \\ L_{n1}, L_{n2}, \cdots, L_{nn} \end{bmatrix}, K = \begin{bmatrix} K_1 \\ K_2 \\ \vdots \\ K_n \end{bmatrix}, F = \begin{bmatrix} L_{1Z} \\ L_{2Z} \\ \vdots \\ L_{nZ} \end{bmatrix}$$

因此得到

$$LK = F$$
$$K = L^{-1}F \qquad (16-13)$$

将各生育时期水稻蒸腾蒸发量与产量实测数据代入上述方程式，利用 MATLAB7.1 对其求解便可得到敏感指数 λ 及相关系数 R，其结果见表 16.2。

表 16.2　　　　　　　　　　　水稻水分生产函数敏感指数及相关系数

生育阶段	分蘖期	拔孕期	抽开期	乳熟期	相关系数 R
敏感指数	0.2362	0.2485	0.7938	0.1721	0.952

根据表 16.2 可以看出，水稻四个生育时期对缺水的敏感程度均不同，Jensen 模型中敏感指数依次为抽开期＞拔孕期＞分蘖期＞乳熟期。模型公式表明 λ 值越大表示该阶段水分亏缺对产量影响越大，即如果在该阶段缺水将导致减产严重，反之越小。对于水稻来说，因抽穗开花阶段处于生殖生长阶段，该阶段将可提高物质累积转化率，影响着穗粒数及结实率，是夺取高产的关键阶段。模型中相关系数达 0.952，相关性较高，因此适宜该地区，其模型为

$$\frac{Y_a}{Y_m} = \left[\frac{ET_a}{ET_m}\right]_1^{0.2362} \cdot \left[\frac{ET_a}{ET_m}\right]_2^{0.2485} \cdot \left[\frac{ET_a}{ET_m}\right]_3^{0.7938} \cdot \left[\frac{ET_a}{ET_m}\right]_4^{0.1721} \qquad (16-14)$$

2. 敏感指数累积函数参数求解与检验

目前，关于敏感指数累积函数求解主要有两种方法：①直接拟合法，即本书所采用的方法，以模型实测产量与预测产量的平方和最小为目标，运用非线性规划技术，可拟合式（16-9）；②分布拟合法，先通过最小二乘回归方法计算出各阶段水分敏感指数 $\lambda(t_i)$，然后对 $\lambda(t_i)$ 进行累加得到 $z(t_i)$，最终对 $\lambda(t_i)$ 与 $z(t_i)$ 运用相关数学算法拟合式（16-9），求得参数 A、B、C。

采用复相关系数 R 对模型中参数进行检验：

$$Q = \sum_{k=1}^{m} (Y_k - \hat{Y}_k)^2$$

$$L = \sum_{k=1}^{m} (Y_K - \overline{Y})^2 \qquad (16-15)$$

$$R = \sqrt{1 - \frac{Q}{L}}$$

本书采用直接拟合方法计算出参数 A、B、C 及相关系数 R，见表 16.3。敏感指数累积曲线如图 16.4 所示。

表 16.3　　　　　　　　敏感指数累积曲线拟合参数及检验值

拟合参数	A	B	C	R
检验值	6.034	0.0912	0.7733	0.950

将敏感指数累积曲线拟合参数 A、B、C 代入式（16-9），得

$$z(t) = \frac{0.7733}{1 + e^{6.034 - 0.0912t}} \qquad (16-16)$$

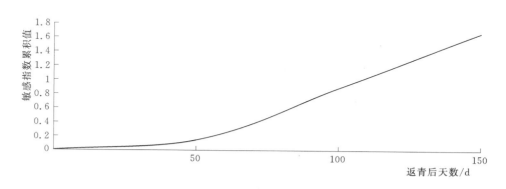

图 16.4　敏感指数累积曲线

参 考 文 献

［1］ 陈亚新，康绍忠. 非充分灌溉原理 ［M］. 北京：中国水利水电出版社，1995.

［2］ Wu Binfang，Yan Nana，Xiong Jun，et al. Validation of ET Watch using field measurements at diverse landscapes：a case study in Hai Basin of China ［J］. Journal of Hydrology，2012，67 - 80.

［3］ Field C B，R anderson J T，Malmstrm C M. Global net primary production：combining ecology and remote sensing ［J］. Remote-Sensing of Environment，1995，51（1）：74 - 88.

［4］ Howell T A. Relationship between crop production and transpiration，evapotranspiration and irrigation ［J］. Irrigation of Agriculture Crop Agronomy Monograph，No 30，2009：292 - 427.

［5］ 沈荣开，张瑜芳，黄冠华. 作物水分生产函数与农田非充分灌溉研究述评 ［J］. 水科学进展，1995，（3）：248 - 254.

［6］ 王惠文. 偏最小二乘回归方法及其应用 ［M］. 北京：国防工业出版社，2000.

［7］ 陈伟. 水稻水分生产函数及水氮耦合模型试验研究 ［D］. 沈阳：沈阳农业大学，2013.

［8］ 王仰仁，雷志栋，杨诗秀. 冬小麦水分敏感指数累积函数研究 ［J］. 水利学报，1997，（5）：28 - 35.

［9］ Holland J H. Genetic algorithms ［M］. Science American，1992.

［10］ Lin Yanyu，Zhang Zhongxue，Xu Dan，et al. Study on water production function of rice based on RAGA - BP neural network model ［J］. International Journal of Hybrid Information Technology，2016，9（9）：343 - 350.

第 17 章

结 论

本研究主要包括田间试验与数据调研，本书在借鉴、参考、查阅了大量国内外相关文献与研究成果的基础上，通过蒸渗仪与测坑试验，系统的研究了非充分灌溉条件下土壤水分运动规律与水肥耦合效应，并结合农户农业生产的相关调研数据，对区域水肥资源经济效益及投入产出进行分析；同时建立了水稻需水量与气象因子的回归模型及水稻水分生产函数模型，旨在为寒地黑土稻作水肥资源高效利用与提高水分生产率提供理论依据与技术支持[1,2]。

17.1 气象因素对水稻蒸腾蒸发的影响

本书基于气象因子建立了水稻需水量回归模型，结果表明各回归模型计算出水稻腾发量的精度（标准误差）大致为三元模型＞二元模型＞四元模型＞一元模型。关于气象因子与水稻各生育时期之间的各种多元回归模型具有一定的适用性和代表性。为进一步提高模型的精确度，本文采用主成分分析模型对多元线性回归模型进行了修正，集中提取了原自变量中的前几个主要成分，根据拟合结果，相较于多元线性回归模型，其离散程度有了很大的程度的改善。说明主成分分析方法，对自变量系统有很强的概括能力，已大大克服多元回归中因素的多重相关性，从而能为水稻蒸腾蒸发量的计算、预测及评价等提供了新的有效方法。

17.2 不同水肥处理对水稻土壤水分运动、产量、水分利用效率的影响

17.2.1 不同水肥处理对土壤水分运动规律的影响

本书在控制灌溉条件下，选取 4 种土壤水分水平（分蘖末期土壤相对含水率

80％、75％、65％、60％）采用六点法分析了100cm内土壤剖面水分分布规律。结果表明在0～20cm土壤剖面中，因表层土壤的蒸腾作用，各处理土壤含水量均呈下降趋势；在20～40cm土壤剖面中，该层受上层水的渗漏影响，各处理土壤含水量均呈上升趋势；而在40～80cm土壤剖面中，受根系、籽粒形成等吸水影响，各处理土壤含水量均呈下降趋势，仅抽穗开花期在60～80cm土壤剖面中，各处理土壤含水率呈现出小幅度回升；在80～100cm土壤剖面中，各处理土壤含水率出现小幅度下降，最终趋于平稳。在0～100cm土层内，各处理土壤水分含量的顺序依次为：W80％＞W75％＞W65％＞W60％。为了对未来某一时间段的土壤水分进行预测，本文运用基于时间序列分析模型对插秧后0～55d土壤含水率序列进行拟合，对第60d土壤含水量数据进行预测。结果表明，模型预测值与实际观测值数据趋势基本一致，相对误差均在合理范围内（5％以内），说明预测点与实测点吻合较好。可见，时间序列分析模型能以较高的精度去预测土壤含水率在较长时间段内的动态变化过程。

17.2.2　不同水肥处理对水稻产量的影响

通过测坑试验，采用二次 D-416 最优饱和设计，建立控制灌溉条件下氮肥、钾肥、磷肥和土壤含水率与产量之间的水肥耦合数学模型。结果表明氮、钾、磷、水对水稻产量及水分利用效率均有显著的影响，各因子对产量的影响顺序为水＞氮＞钾＞磷。氮与钾耦合、氮与磷耦合、氮与水耦合、钾与水耦合、磷与水耦合对产量的增加具有促进作用，钾、磷耦合对水稻产量具有相互替代作用；产量与氮、钾、磷、水之间的关系图均为开口向下抛物线形式，产量随着各自用量的增加先增加后降低，当边际产量达到最高时，对应的氮、钾、磷投入量分别为 162.33kg·hm^{-2}、100.59kg·hm^{-2}、49.83kg·hm^{-2}，分蘖末期土壤含水率为饱和含水率的 70.49％；通过两因子之间的交互作用可以分析得出，水稻产量的变化均表现出先增大，超过一定阈值后产量随之降低。氮对产量的影响效果大于钾的影响效果，氮对产量的影响效果大于磷的影响效果，氮对产量效果大于水的影响效果，钾对产量的影响效果大于磷的影响效果，水对产量的影响效果大于钾的影响效果，水对产量的影响效果大于磷的影响效果，综合来看各交互作用对产量的影响依次为：氮钾＞氮水＞钾水＞氮磷＞磷水＞钾磷；采用极值求偏导数的方法计算出产量最优化的施肥方案为施氮量为 122.51kg·hm^{-2}、施钾量为 83.04kg·hm^{-2}、施磷量为 43.78kg·hm^{-2}、分蘖末期土壤含水率为饱和含水率的 72.18％。此时对应的最优产量为 16754.19kg·hm^{-2}。

17.2.3 不同水肥处理对水稻水分利用效率的影响

通过测坑试验,采用二次 D-416 最优饱和设计,建立控制灌溉条件下氮肥、钾肥、磷肥和土壤含水率与水分利用效率之间的水肥耦合数学模型,结果表明各因子对水分利用效率的影响依次为氮＞钾＞磷＞水,钾和磷、磷和水之间对水分利用效率的提高具有相互抑制作用,其他各因子间的耦合对水分利用效率具有相互促进的作用;水分利用效率与氮、钾、磷、水之间的关系图均为开口向下抛物线形式,当边际水分利用效率达到最高时,对应的氮、钾、磷投入量分别为 136.36kg·hm^{-2}、95.11kg·hm^{-2}、51.68kg·hm^{-2},分蘖末期土壤含水率为饱和含水率的 67.66%;两因子之间的交互作用对水稻水分利用效率也表现出先增大,超过一定阈值后减小,氮对水分利用效率的影响效果大于钾的影响效果,氮对水分利用效率的影响效果大于磷的影响效果,氮对水分利用效率的影响效果大于水的影响效果,钾对水分利用效率的影响效果大于磷的影响效果,钾对水分利用效率的影响效果大于水的影响效果,磷对水分利用效率的影响效果大于水的影响效果;综合来看,各交互作用对水分利用效率的影响依次为钾磷＞钾水＞氮钾＞氮磷＞磷水＞氮水。

17.2.4 最佳水肥区间

将水稻产量目标选定在 10500～12000kg·hm^{-2}、水分利用效率选定在 1.8～2.5kg·m^{-3}之间,在 95% 的置信区间进行频率分析,得到水肥之间的优化配施方案为施氮量 103.32～129.10kg·hm^{-2}、施钾量 66.53～81.15kg·hm^{-2}、施磷量 43.19～46.71kg·hm^{-2}。

(1) 各生育期的土壤含水率下限占饱和含水率比值如下:

1) 分蘖前、中、末期为 91.09%～94.34%、80.58%～83.46%、70.07%～72.57%。

2) 拔孕前、末期为 80.58%～83.46%、91.09%～94.34%。

3) 抽开期为 91.09%～94.34%。

4) 乳熟期为 80.58%～83.46%。

(2) 各生育时期的最佳水肥耦合区间如下:

1) 基肥为施氮量 51.66～64.55kg·hm^{-2}、施钾量 33.27～40.58kg·hm^{-2}、施磷量 43.19～46.71kg·hm^{-2}。

2) 返青肥:施氮量 10.33～12.91kg·hm^{-2}。

3) 分蘖肥:施氮量 25.83～32.28kg·hm^{-2}、施钾量 33.27～40.58kg·hm^{-2}。

4) 穗肥:施氮量 15.50～19.37kg·hm^{-2}。

17.3　水肥经济效益与水资源投入产出分析

通过以农户为基础开展对区域内 2010—2015 年水肥投入与粮食产出等相关数据进行调研，采用边际效应的方法对经济效益进行分析，采用柯布-道格拉斯生产函数（C－D 生产函数）对水资源的经济价值进行计算，结果表明以最大经济效益为目标的最优水肥投入产出为：施氮量 128.87kg・hm^{-2}、施钾量 85.56kg・hm^{-2}、施磷量 41.74kg・hm^{-2}，分蘖末期土壤含水率为饱和含水率的 72.05％，此时得到的最佳产量为 15524.22kg・hm^{-2}，最大经济效益（目标函数值）为 43607.54 元；采用基于 C－D 生产函数的模型对农业水资源经济效益投入产出进行分析，并对庆安县 2010—2015 年度粮食产量中农业水资源的经济价值进行了计算，选取以区域水量费用、种子费用、化肥费用、农药费用、农业机械费用、人力费用、电力费用等作为投入要素，粮食产品经济效益作为产出要素，结果表明 2015 年度水资源的经济价值最高，为 1.40 元/m^3。其结果基本符合农业水资源在粮食生产中的比重这一规律，因此利用 C－D 生产模型为进一步计算水资源的经济价值提供了新的思路与方法。

17.4　水分胁迫对水稻产量的影响

本研究采用自动称重式蒸渗仪，在分蘖期、拔孕期、抽开期、乳熟期等 4 个阶段分别安排成正常灌溉、轻旱、中旱和重旱 4 个水分胁迫水平。根据试验实测数据建立全生育阶段与分阶段的作物—水分模型，在全生育期中对 D－K 模型中的 K_y 值进行计算，试验处理 4（拔孕期重旱，为土壤饱和含水率的 60％～70％）K_y 值最大，因此应优先供水，否则造成的减产损失最大，反之可减少或延迟供水；在分阶段模型中，基于遗传算法计算得出的函数中仅含有 X_2 和 X_3，这是因为输入样本中这两列数据与输出样本有很强的函数关系，由此可以看出，影响水稻产量最关键的生育时期为拔节孕穗期和抽开期；通过 Jensen 模型计算出的敏感指数，对水稻产量的影响依次为抽开期＞拔孕期＞分蘖期＞乳熟期，且 Jensen 模型敏感指数累计值随着返青后天数的增多逐渐增大，其中在返青后 50～100d 增长速度最快；各模型数据拟合精度由高到低的模型为 RAGA－BP 神经网络、遗传算法、BP 神经网络、Jensen 模型，基于 RAGA－BP 神经网络模型充分吸收和演化基于实数编码的加速遗传算（RAGA）和 BP 神经网络的最新研究理论与成果，将两者各自优点结合起来，建立适宜该地区的水稻水分生产函数模型。

参 考 文 献

［1］ 林彦宇. 黑土稻作控制灌溉条件下水肥调控试验研究［D］. 哈尔滨：东北农业大学，2014.

［2］ 林彦宇. 寒地黑土稻作水肥资源利用及水分生产函数研究［D］. 哈尔滨：东北农业大学，2017.